Die chemische
Behandlung und
Modifizierung der
Zellulose

Die chemische Behandlung und Modifizierung der Zellulose

Von Z. A. Rogowin und L. S. Galbraich

Herausgegeben von W. Albrecht

Übersetzt von A. Apuchtin,
R. und H. Fuchs

6 Abbildungen, 9 Tabellen

1983
Georg Thieme Verlag Stuttgart · New York

Prof. Dr. Zakhar Aleksandrovitsch Rogowin †,
ehemals Moskowskij Tekstilny Institut
Malaja Kalushskaja Ulica
Dom 1

Moskau B-71
USSR

Prof. Dr. Leonid Semenowitsch Galbraich
Moskowskij Tekstilny Institut
Malaja Kalushskaja Ulica
Dom 1
Moskau B-71
USSR

Prof. Dr. Wilhelm Albrecht
Dr.-Tigges-Weg 39
5600 Wuppertal 1

Alexander Apuchtin   Rosemarie und Helmut Fuchs
Waldstraße 14   Maximilianstr. 1
A-4860 Lenzing   8750 Aschaffenburg

Titel der Originalausgabe:
Химические превращения и модификация целлюлозы.
© 1979 Verlag Chimija, Moskau

CIP-Kurztitelaufnahme der Deutschen Bibliothek
Rogovin, Zachar A.:
Die chemische Behandlung und Modifizierung der
Zellulose / von Z. A. Rogowin u. L. S.
Galbraich. Hrsg. von W. Albrecht. Übers. von A.
Apuchtin ... - Stuttgart ; New York : Thieme, 1983.
  Einheitssacht.: Chimičeskie prevraščenija i
  modifikacija celljulozy 〈dt.〉
  In d. Vorlage auch: Zakhar Aleksandrovitsch
  Rogowin. - Leonid Semenowitsch Galbraich

NE: Galbraich, Leonid S.:

Geschützte Warennamen (Warenzeichen) werden *nicht* besonders kenntlich gemacht. Aus dem Fehlen eines solchen Hinweises kann also nicht geschlossen werden, daß es sich um einen freien Warennamen handele.

Alle Rechte, insbesondere das Recht der Vervielfältigung und Verbreitung sowie der Übersetzung, vorbehalten. Kein Teil des Werkes darf in irgendeiner Form (durch Photokopie, Mikrofilm oder ein anderes Verfahren) ohne schriftliche Genehmigung des Verlages reproduziert oder unter Verwendung elektronischer Systeme verarbeitet, vervielfältigt oder verbreitet werden.

© 1983 Georg Thieme Verlag, Rüdigerstraße 14, D-7000 Stuttgart 30 − Printed in Germany −
Druck: J. Illig, Göppingen

ISBN 3-13-643801-9

Vorwort des Herausgebers

Die Zellulose ist ein wirklich wundervolles Naturprodukt. Die Menschen verwenden sie in vielfältiger Weise. Dabei ist sie auch Rohstoff für eine große Produktpalette und Gegenstand intensiver Forschung. Trotzdem ist es in den letzten 20 Jahren „stiller" um sie geworden. Sie wurde in den Schatten der großen Synthesen gedrängt. In einer Zeit, die sich nun wieder mit den „Nachwachsenden Rohstoffen" beschäftigt, kann nur dankbar begrüßt werden, daß am Moskauer Textilinstitut an der Zellulose, ihren Umsetzungen und ihrer Modifikation weitergearbeitet wurde, während sich weltweit das Interesse der Polymerenchemie von den Naturprodukten abgewandt hatte.

Während die Öffentlichkeit hier in der Zellulose noch bevorzugt den Energieträger sieht, sind die Chemiker und Ingenieure davon überzeugt, daß es in der Zukunft darauf ankommt, sie als Polymeres mehr oder minder zu erhalten und rein oder modifiziert den vielfältigsten Einsätzen zuzuführen. Dazu ist es notwendig, die Zellulose anstandslos zu gewinnen und für viele Zwecke aufgabengerecht zu modifizieren. Mögliche Schwierigkeiten sollten mit den fortschreitenden chemischen und Verfahrenskenntnissen gelöst werden können.

Die zahlreichen systematisch durchgeführten Arbeiten der Rogowin-Schule sind vorbildlich. Sie liefern Ansätze für die Herstellung von Derivaten und geben Anregungen für weitere Modifizierungsversuche. Gerade dabei dürfte das ausführliche Literaturverzeichnis von Nutzen sein, zumal es hier meist weniger bekannte Veröffentlichungen enthält. Dankbar ist auch zu begrüßen, daß Prof. *Galbraich* das Buch für diese deutsche Ausgabe überarbeitet und ergänzt hat. Somit bleibt nur noch zu hoffen, daß sie eine freundliche Aufnahme bei der wachsenden Schar der Zelluloseinteressierten findet.

Wuppertal, im Dezember 1982

W. Albrecht

Vorwort

Die chemische Modifizierung von Polymeren mit dem Ziel, ihnen neue, vorgegebene Eigenschaften zu verleihen, ist eine bedeutungsvolle Arbeitsrichtung der Makromolekularen-Chemie. Sie wird sowohl für synthetische als auch für natürliche Polymere erfolgreich in verschiedenen Laboratorien der Sowjetunion und des Auslands durchgeführt.

Für die synthetischen Polymere kann dieses Problem durch die Änderung der Zusammensetzung und des Verhältnisses der Ausgangsmonomeren beim Syntheseprozeß sowie auch durch chemische Umwandlung synthetisierter Polymere gelöst werden. Bei den natürlichen makromolekularen Verbindungen besteht lediglich die Möglichkeit, sie chemisch zu modifizieren. Dies gilt z.B. für die weitverbreitete Zellulose, deren Struktur und chemische Zusammensetzung durch einen biochemischen Syntheseprozeß bestimmt werden.

Die erste Ausgabe des Buches „Chemische Umwandlung und Modifikation der Zellulose" erschien vor zwölf Jahren. Diese Zeit war charakterisiert durch ein vertieftes Studium der Gesetzmäßigkeiten der chemischen Umwandlungsmöglichkeiten der Zellulose sowie die Schaffung der wissenschaftlichen Grundlagen für die Herstellung von modifizierten Zellulosen.

Nunmehr werden in der Sowjetunion bereits in nennenswerten Mengen modifizierte Zellulosen mit neuen wertvollen Eigenschaften nicht nur im Laboratorium, sondern auch schon industriell hergestellt. Diese Erzeugnisse werden sowohl aus Baumwolle als auch aus Hydratzellulosefasern (Viskosefasern) gewonnen.

Einen wesentlichen Beitrag hierzu leisteten sowjetische Wissenschaftler, insbesondere am wissenschaftlichen Laboratorium des Lehrstuhls für Chemiefasertechnologie des Moskauer Textilinstituts. Die erhaltenen, teilweise vollkommen neuen Ergebnisse sind nach unserer Meinung auch für Forscher und Ingenieure sehr interessant, die in den verschiedenen Zweigen der Polymerchemie und Polymertechnologie arbeiten, z.B. in der Chemiefaserindustrie, der Kunststoffindustrie, aber auch in der Textil-, Zellulose- und Papierindustrie sowie anderen Branchen. Deswegen ist die zweite Ausgabe des Buches von großer Aktualität. Sie enthält die wichtigsten Resultate, die im letzten Jahrzehnt im wissenschaftlichen Laboratorium des Moskauer Textilinstituts bei der Bearbeitung dieses komplizierten, verlockenden und Perspektiven bietenden Problems erhalten wurden.

Wir halten es hier nicht für notwendig, alle in der Literatur existierenden Angaben über die chemische Umwandlung und Modifizierung der Zellulose wiederzugeben und zu analysieren. Dies geschah weitestgehend in der 1972 erschienenen Monographie „Die Chemie der Zellulose" von *Z.A. Rogowin*, auf die hier aber erneut verwiesen werden soll.

Die Einführung, das erste und dritte Kapitel wurden von Professor *Z.A. Rogowin* und Professor *L.S. Galbraich* geschrieben. Das zweite und vierte Kapitel verfaßte *Z.A. Rogowin*.

Vorwort zur deutschen Ausgabe

Seit Erscheinen der zweiten, überarbeiteten Ausgabe in russischer Sprache sind mehr als zwei Jahre vergangen. Obwohl die grundlegenden Forschungsrichtungen der Zellulosechemie und der Herstellung der Pfropfcopolymeren unverändert blieben, wurden doch wieder eine Reihe neuer Resultate erhalten, die bei der Übersetzung berücksichtigt wurden. Sie betreffen sowohl Gesetzmäßigkeiten chemischer Umwandlungen der Hydroxy-Gruppen des Zellulose-Makromoleküls als auch gewisser anderer Polysaccharide.

Die Vorbereitung des Buches für die Ausgabe in der Bundesrepublik Deutschland betrachten die Autoren als ihren bescheidenen Beitrag für die Verbreitung und Festigung der Kontakte zwischen den Wissenschaftlern beider Länder.

Professor *Rogowin,* der die Idee hatte, dieses Buch herauszubringen und einen wesentlichen Teil davon schrieb, war es nicht mehr vergönnt, die Arbeit zu vollenden. Der Tod riß ihn aus einem Leben, das noch voller schöpferischer Pläne steckte. Mit der Vollendung seiner Arbeit danke ich meinem Lehrer und älteren Kameraden. Weiterhin gilt mein Dank *L.S. Antonjuk* für seine große Hilfe bei der Vorbereitung dieses Buches.

L.S. Galbraich

Inhaltsverzeichnis

Einführung 1

Kapitel 1
Grundlegende Methoden der Synthese von Zellulose-Derivaten 5
1. Esterifizierung 5
2. Oxidation der Hydroxy-Gruppen 8
3. Synthese von Zellulose-Derivaten durch nukleophile Substituierung 10
    3.1 Grundlegende Gesetzmäßigkeiten 10
    3.2 Mischpolysaccharid-Synthesen 15
    3.3 Synthese von Estern, Ethern und Desoxy-Derivaten 15
    3.4 Synthese von C-Alkyl-Derivaten der Desoxyzellulose mit metallorganischen Verbindungen 16
    3.5 Synthese von Zellulose-Derivaten mit Radikal- und Ionenanlagerungsreaktionen 17
    3.6 Synthese durch elektrophile Substituierung 18
    3.7 Reaktionsfähigkeitsuntersuchung von Zellulose und Polysacchariden 19

Kapitel 2
Chemische Modifizierung der Zellulose durch Block- und Pfropfpolymerisation . . . 22
1. Synthese von Blockcopolymeren 22
2. Synthese von Pfropfcopolymeren 23
    2.1 Synthese durch Polykondensation 23
    2.2 Synthese durch Kondensationsreaktion 23
    2.3 Synthese durch Umsetzung mit heterocyclischen Verbindungen 26
    2.4 Synthese durch Kettenpolymerisation 27
    2.5 Initiierungsmethoden der Pfropfpolymerisation 28
    2.6 Gehalt an Zellulose-Pfropfcopolymeren 40
    2.7 Länge der Pfropfketten 41
3. Gesetzmäßigkeiten der Pfropfcopolymerisation bei der Anwendung von binären Monomerengemischen 44
    3.1 Untersuchung der Topochemie des Pfropfprozesses 46
4. Durchführungsbedingungen des Pfropfprozesses 48

Kapitel 3
Einführung verschiedener funktioneller Gruppen in das Zellulose-Makromolekül . . 51
1. Carbonyl-Gruppen 51
2. Carboxy-Gruppen 54
3. Nitril-Gruppen 58
4. Nitro-Gruppen 60
5. Amino-Gruppen 60
6. Halogene 64

7. Sulfat- und Sulfo-Gruppen 65
8. Thiol-Gruppen 66
9. Epoxy-Gruppen 68
10. Doppelbindungen 69
11. Dreifachbindungen 72
12. Phosphorhaltige Gruppen 73
13. Siliciumhaltige Gruppen 77
14. Metallorganische Gruppen 78

Kapitel 4
Neue zellulosische Substanzen 81
1. Fasern für die Herstellung von Bekleidungs- und Heimtextilien .. 82
2. Modifizierte Regenerat-Zellulose-Fasern 82
3. Modifizierte Acetatfasern 85
4. Öl- und wasserabweisende Textilien 89
5. Zellulose mit Ionenaustauscher-Eigenschaften 97
6. Flammfeste, schwerentflammbare Fasern bzw. Erzeugnisse 103
7. Zellulose-Derivate für medizinische Zwecke 108
   7.1 Antimikrobielle, bakterizide Zellulose-Derivate 108
   7.2 Blutstillende Textilien 115

Literatur 117

Sachverzeichnis 125

> Die Chemiker können und müssen die
> Zellulose besser machen, als sie die
> Natur geschaffen hat

Einführung

Unter den zahlreichen Polymeren, die eine breite industrielle Anwendung gefunden haben, nimmt die Zellulose einen besonderen Platz ein. Die praktisch unbegrenzte Verfügbarkeit, die niedrigen Kosten für die aus ihr und ihren Derivaten gewonnenen Materialien sowie die wertvollen spezifischen Eigenschaften der Erzeugnisse sind die Grundlagen für die breite und notwendigerweise wachsende Verwendung der Zellulose in den verschiedenen Zweigen unserer Volkswirtschaft.

Die Rohstoffe für die synthetischen Polymeren — Erdöl, Steinkohle, Erdgas — werden zunehmend praktisch endgültig verbraucht. Die Zellulose dagegen ist das Polymer, dessen Ressourcen ständig nachwachsen. Bei rationaler Planung können sie sogar jährlich in beliebigen Mengen erzeugt werden.

Die stereoreguläre Struktur des Zellulose-Makromoleküls, das Vorliegen von polaren Gruppen, die eine intensive intermolekulare Wechselwirkung bedingen, und der hohe Orientierungsgrad dieses steifkettigen Polymers bestimmen die mechanischen Merkmale der Zellulose-Substanzen. Deswegen wird eine Reihe von wichtigen Zweigen unserer Volkswirtschaft in den nächsten Jahren, wahrscheinlich sogar im nächsten Jahrzehnt bereits, auf der vorzugsweisen und zuweilen ausschließlichen Verwendung der Zellulose und ihrer Derivate aufbauen. Zu diesen Wirtschaftszweigen zählen die Papierproduktion, die Herstellung von Textilfasern und von rauchlosem Pulver. Einen hohen Stellenwert hat die Zellulose auch für die Produktion von Folien, Lacken und Kunststoffen.

Der Einsatz von Zellulosematerialien läßt sich durch folgende Zahlen beschreiben: 1980 betrug die Weltproduktion an synthetischen Polymeren für Kunststoffe, synthetischen Kautschuk und Synthesefasern ca. 74 Mill. Tonnen[1]. Im gleichen Jahr überstieg die Gewinnung von Holzzellulose für die Papierproduktion und chemische Verarbeitung 120 Mill. Tonnen. — Die Weltproduktion an Fasern für textilen und technischen Einsatz betrug 1981 ca. 30 Mill. Tonnen, davon waren 13,8 Mill. Tonnen Baumwolle, 3,6 Mill. Tonnen zellulosische Chemiefasern, 10,6 Mill. Tonnen synthetische Chemiefasern und 1,6 Mill. Tonnen Wolle. Ungeachtet der kontinuierlichen und beträchtlichen Erhöhung der Synthesefaserproduktion, die in den letzten 15 Jahren um mehr als das Zehnfache zugenommen hat, betrug die Produktion an Zellulose-Fasern (native und Chemiefasern) 1981 über 17,4 Mill. Tonnen, das sind ca. 59% aller Textilfasern[2]. Gleichzeitig wuchs auch die Weltproduktion an Zellulose für andere Einsatzzwecke wie Papier und Zelluloseester, die für die Herstellung von Folien, plastischen Massen, Lacken und für spezielle Fertigungen verbraucht werden.

Diese wenigen Zahlen genügen, um die volkswirtschaftliche Bedeutung der Zellulose erfassen zu können. Sie ist und bleibt eines der wichtigsten Polymermaterialien.

Selbstverständlich wäre es falsch, bei der Analyse der weiteren Entwicklungswege der Produktion von Polymeren einen Gegensatz zwischen zellulosischen und synthetischen

Polymeren zu konstruieren. Die verschiedenen synthetischen Kunststoffe, welche die Eigenschaften besitzen, die von den einzelnen Wirtschaftszweigen verlangt werden, werden in zunehmendem Maße eingesetzt. Diese Tendenz führte zu der falschen und oberflächlichen Schlußfolgerung, daß in allen Wirtschaftszweigen, die Kunststoffe benötigen, die synthetischen Polymere zuerst partiell, später vollständig die Zellulose und ihre Derivate ersetzen könnten. Gegenwärtig kann diese Schlußfolgerung aber schon als überholt bezeichnet werden. Die Errungenschaften der modernen Zellulosechemie und -physik garantieren eine weitere Ausbreitung der Anwendung der neuen Typen von Polymeren auf Zellulosebasis. Dies ist besonders wichtig für die Sowjetunion, die über praktisch unbegrenzte Ressourcen an Zellulose verfügt.

Eine der Hauptrichtungen der Entwicklung der modernen Polymerchemie — speziell der Zellulosechemie — liegt in der Modifizierung der Polymeren mit der Zielsetzung, Stoffe mit neuen, vorgegebenen Eigenschaften herzustellen. Diese Aufgabe läßt sich durch Modifizierung der chemischen Struktur des Polymeren und Variation der Verarbeitungsbedingungen lösen.

Die Zellulose-Fasern sind eine wichtige Form der in der Praxis genutzten Zellulose. Neben ihren beachtlichen Vorzügen, wie hohe Hygroskopizität, sehr gute Anfärbbarkeit, hohe Thermostabilität, sehr gute hygienische Eigenschaften und relativ niedrige Gestehungskosten, haben sie auch Mängel, z.B. Brennbarkeit, Knitterneigung, geringe Resistenz gegenüber der Einwirkung von Mikroorganismen und niedrige Elastizität. Die Hauptmethoden der Modifikation, die zur Eliminierung der genannten Nachteile und zur Einstellung der neuen wertvollen Eigenschaften angewendet werden, sind die Struktur- und die chemische Modifizierung.

Die Strukturmodifizierung der Zellulose, bei der die Stellung und der Orientierungsgrad der Makromoleküle — speziell der Elemente der Supramolekularstruktur in der Faser — modifiziert werden, brachte wertvolle Verbesserungen der Eigenschaften der Hydratzellulose- und Zelluloseester-Fasern und der Folien. Durch die Änderung der Supramolekularstruktur der Fasern beim Spinnprozeß und/oder bei der nachfolgenden Behandlung gelang es, die Festigkeit der Viskosefasern um das Anderthalbfache, unter Versuchsbedingungen sogar um das Doppelte, anzuheben[3] (S. 328–338). So werden auch hochfeste Viskosespinnfasern erzeugt, die in ihren Hauptmerkmalen der Baumwolle nicht nachstehen[3] (S. 341–343).

Durch entsprechende Wahl der Verformungsbedingungen lassen sich heute auch hochfeste Viskosefolien herstellen, die gegenüber vielfachen Deformationen beständig sind[4]. Offensichtlich können die Methoden der Strukturmodifizierung auch zur Verbesserung der Eigenschaften von natürlichen Zellulose-Fasern angewendet werden. So gelingt es zum Beispiel, durch partielle Dekristallisierung der Baumwollfaser durch Behandlung mit Aminen, speziell mit Ammoniak, die Höchstzugkraftdehnung zu erhöhen[5].

Die wenigen Beispiele zeigen deutlich, daß es möglich ist, Zellulose erfolgreich zu strukturmodifizieren. Auf diesem Wege ist es jedoch nicht möglich, der Zellulose neue Eigenschaften zu verleihen und damit neue Einsatzbereiche zu erschließen. Die Strukturmodifizierung der Zellulose beseitigt auch nicht zellulosebedingte Mängel. Eine erfolgreiche Lösung dieser Probleme ist nur möglich durch chemische Modifizierung. Sie besteht in der Änderung der chemischen Zusammensetzung und der Struktur der Zellulose-Derivate.

Die chemische Modifizierung ist universeller als die Strukturmodifizierung. Sie kann sowohl zur gezielten Änderung von Eigenschaften zellulosischer Chemiefasern und Folien, als auch von nativen Fasern sowie von Papieren, Lacken und Kunststoffen eingesetzt werden.

Zur chemischen Modifizierung werden alle Reaktionen der klassischen Zellulosechemie benutzt. Durch Esterifizierung und *O*-Alkylierung werden verschiedene Typen von Estern und Ethern erhalten, die als Grundrohstoffe für moderne Industrien dienen, die Zellulose verarbeiten (Chemiefasern, Kunststoffe, Folien, Lacke). Die Reaktionen, die zur Substituierung des Wasserstoff-Atoms in den Hydroxy-Gruppen der Zellulose-Makromoleküle durch eine Acyl-, Alkyl- oder Aryl-Gruppe führen, spielen eine große Rolle bei der Herstellung von Zellulose-Derivaten. Darüber hinaus werden auch noch andere Reaktionen durchgeführt und mit ihren Produkten neue Anwendungsgebiete für die Zellulose erschlossen.

In der modernen Zellulosechemie werden neben den bereits erwähnten Methoden zunehmend auch die Grundreaktionen und Umwandlungsmethoden der modernen organischen Chemie angewendet, insbesondere die der Kohlenwasserstoffchemie und der Chemie der synthetischen Polymeren. Selbstverständlich müssen bei der Übertragung solcher Reaktionen für niedermolekulare Alkohole und Zucker auf Zellulose die spezifischen Besonderheiten berücksichtigt werden. Diese Besonderheiten sind:

1. Die chemischen Umwandlungen der funktionellen Gruppen im Zellulose-Makromolekül verlaufen in der Regel im heterogenen Medium unter den Bedingungen einer gebremsten Diffusion des Reagens in die Faser, insbesondere in den dichteren Elementen der Supramolekularstruktur (in den Kristalliten).
2. Zwischen den Kettengliedern in den Makromolekülen der Zellulose bestehen Acetal-Bindungen, die gegenüber der Einwirkung von Mineralsäuren wenig beständig sind. Deshalb muß die chemische Umwandlung des Zellulose-Makromoleküls unter Bedingungen durchgeführt werden, bei denen nur wenige Acetal-Bindungen aufgespalten werden. Eine stärkere Zerstörung der Acetal-Bindungen führt zur Herabsetzung der Molekülmasse und dementsprechend zu einer Verschlechterung der mechanischen Eigenschaften der Zellulose-Materialien.

Der beste Weg zur Lösung des komplizierten Problems — der Herstellung von Zellulose-Materialien mit neuen, wertvollen Eigenschaften — besteht in der Umwandlung der Zellulose mit ihren Hydroxy-Gruppen (so wie sie beim Prozeß der biochemischen Synthese in der Natur gebildet wird) in eine Verbindung, die verschiedene Typen von reaktionsfähigen Gruppen enthält.

Wie bekannt, befinden sich im Makromolekül sowohl der nativen als auch der regenerierten Zellulose nur funktionelle Gruppen eines Typs, nämlich alkoholische Hydroxy-Gruppen. Die primären und sekundären Hydroxy-Gruppen unterscheiden sich in ihrer Reaktionsfähigkeit etwas, die Möglichkeiten für chemische Umwandlungen sind aber gleich.

Für die Umwandlung der Zellulose in eine Verbindung, die verschiedene funktionelle Gruppen enthält, mußte die Zahl der möglichen Methoden vergrößert werden. Heute stehen nun mehr Möglichkeiten zur Verfügung, mit chemischen Methoden Zellulose-Derivate herzustellen, die praktisch beliebige reaktionsfähige Gruppen enthalten, die weitere Umwandlungen gestatten. Am interessantesten sind die Einführung von Nitril-, Amino- und Epoxy-Gruppen sowie von binären und ternären ungesättigten Verbindungen in das Zellulose-Makromolekül.

Die Synthese von Zellulose-Derivaten hat die Zellulosechemie beträchtlich bereichert. Leider sind in den letzten Jahren die Forschungsaktivitäten auf dem Gebiet der Zellulosechemie und der Zellulose-Derivate sowohl in der Sowjetunion als auch in anderen Ländern (Bundesrepublik Deutschland, DDR, USA, Kanada), in denen noch vor 15 bis 20 Jahren diese Probleme in einem ziemlich breiten Umfang und mit Zielstrebigkeit studiert wurden, reduziert worden; in einer Reihe von Ländern sind sie sogar fast vollständig zum

Erliegen gekommen. Deshalb geht die weitere Entwicklung der Zellulosechemie und der Chemie der anderen Polysaccharide in den letzten Jahren beträchtlich langsamer voran. Es darf jedoch angenommen werden, daß infolge der sich ändernden Situation (Erdölkosten und -mangel) die Förderung der Zellulosechemie und der Chemie der anderen Polysaccharide (Dextran, Stärke) wieder wächst. Weitere Anstrengungen werden von verschiedenen Zweigen der Industrie, der Medizin und der Biologie ausgehen. Dies wird sich auch in der Sowjetunion auswirken.

Besonders verlockend erscheint die Aufgabe, Zellulose-Derivate zu entwickeln, die jetzt schon von praktischem Interesse für die Volkswirtschaft sind. Bei der Bearbeitung solcher Aufgaben müssen neben den theoretischen Resultaten auch noch andere Faktoren berücksichtigt werden, wie die Kosten für die Reagentien, deren Zugänglichkeit, Toxizität, der Ablauf von Nebenreaktionen, der Abbau der Ausgangs-Zellulose-Materialien, die Technologie und Apparaturen, die Reinigung der Abwässer usw. Nur bei angemessener Lösung aller dieser Fragen wird die im Laboratorium ausgearbeitete Methode auch praktische Anwendung finden. Jeder Forscher, der in dem einen oder anderen Zweig der chemischen Wissenschaft, speziell im Bereich der Chemie und Technologie der Zellulose und ihrer Derivate arbeitet, kann eine ganze Reihe von Beispielen dafür anführen, daß es nicht gelingt, Methoden in die Praxis zu überführen, wenn nicht alle Verfahrensdetails positiv gelöst werden können.

Eine der aussichtsreichsten und effektivsten Methoden zur Lösung der gestellten Aufgabe ist die Synthese von Zellulose-Pfropfcopolymeren. Sie wird intensiv im wissenschaftlichen Laboratorium des Lehrstuhls für Chemiefasertechnologie des Moskauer Textilinstituts bearbeitet. Einige Typen der dort entwickelten chemisch modifizierten Zellulosen werden — erstmalig in der Welt — in der Sowjetunion in halbtechnischem und Industriemaßstab produziert. Die erhaltenen Resultate werden in den folgenden Abschnitten beschrieben. Es besteht für die Verfasser dieser Schrift kein Zweifel, daß sich in den nächsten Jahren die Produktion dieser Erzeugnisse beträchtlich erhöhen wird.

Z.A. Rogowin, L.S. Galbraich

Kapitel 1
Grundlegende Methoden der Synthese von Zellulose-Derivaten

Die chemischen Umwandlungen der Zellulose müssen in einer engen wechselseitiger Verknüpfung mit den Besonderheiten des chemischen Verhaltens sowohl der niedermolekularen hydroxyhaltigen Verbindungen der Alkohole und Monosaccharide, als auch aller Verbindungen der Klasse betrachtet werden, zu der die Zellulose gehört, nämlich der Polysaccharide. Dabei können der Klassifizierung der chemischen Umwandlungen der Zellulose entweder die Besonderheiten der chemischen Struktur der gebildeten Derivate zugrunde gelegt werden, wie Ether und Ester, Oxidationsprodukte, gemischte Polysaccharide, die elementare Kettenglieder von verschiedener Struktur enthalten, Block- und Pfropfcopolymere, als auch der Mechanismus der ablaufenden Reaktionen, d.h. nukleophile oder elektrophile Substituierung oder Anlagerung, Radikalpolymerisation oder Ionenpolymerisation u.a.

Üblicherweise legt man der Klassifizierung der Synthesemethoden der verbreitetsten Zellulose-Derivate (Esterifizierungsreaktionen, O-Alkylierungsreaktionen) die Struktur der hergestellten Verbindung zugrunde und nicht die Reaktionsmechanismen. Die Reaktionen der beiden erwähnten Typen verlaufen nach dem Mechanismus der nukleophilen Substituierung, wobei die Rolle des nukleophilen Reagens von den Hydroxy-Gruppen des elementaren Kettengliedes des Zellulose-Makromoleküls übernommen wird. — Im Gegensatz zu diesem Prinzip erfolgt für eine Reihe von Synthesemethoden zur Erzeugung von Zellulose-Derivaten, deren systematisches Studium verhältnismäßig spät begann, die Klassifizierung nach dem Mechanismus der ablaufenden Reaktionen.

Wenn von der Synthese der Zellulose-Derivate durch nukleophile Substituierung gesprochen wird, so sind die Reaktionen der Zellulose und ihrer Derivate mit niedermolekularen nukleophilen Reagentien gemeint. In diesem Sinne werden die entsprechenden Formulierungen in diesem Buche gebraucht.

Nach der wissenschaftlichen und praktischen Erkenntnis sind die verschiedenen Synthesemethoden der Zellulose-Derivate nicht gleichwertig. Es besteht jedoch kein Zweifel daran, daß das Studium der verschiedenen Methoden eine gezielte Änderung der chemischen Zusammensetzung und der Eigenschaften der Zellulose-Materialien von Interesse sind.

1. Esterifizierung

Die Synthese der Zelluloseester durch Esterifizierung der Hydroxy-Gruppen durch Einwirkung von organischen Säuren, Mineralsäuren oder deren Anhydride, ist eine grundlegende Methode, auf der die chemische Verarbeitung von Zellulose oft aufbaut. Um den praktischen Wert dieser Methode zu würdigen, genügt es, wenn auf die Produktion der Zellulosenitrate, Zellulosexanthogenate und Zelluloseacetate verwiesen wird.

In den letzten Jahren wurden neue Zelluloseester synthetisiert. Dabei wurden auch neue Katalysatoren für die Esterifizierungsreaktionen vorgeschlagen. Die Resultate sind in verschiedenen Übersichtsarbeiten und Monographien[6] zusammengestellt und werden deshalb hier nicht betrachtet. Besonderes Interesse haben die Esterifizierung der Zellulose an der

Phasengrenze und Umesterungsreaktion gefunden. So hat Wittbeker[7] eine Synthese für heterogene Polymere durch Polykondensation von bifunktionellen Verbindungen an der Phasengrenze ausgearbeitet. Diese Methode fand Verwendung für die präparative Synthese von Heteroketten-Polymeren, insbesonders von solchen, die mit den üblichen Polykondensationsmethoden bei hohen Temperaturen nicht realisiert werden können. Das Prinzip der Reaktion an der Phasengrenze wurde auch für die Esterifizierung von Zellulose benutzt[8].

Die spezifische Besonderheit dieser Zellulose-Reaktion besteht darin, daß sie nicht zwischen den Molekülen von zwei Monomeren in niedrigviskosen Lösungsmitteln stattfindet, sondern bei der Wechselwirkung des esterifizierenden Reagens (Chloranhydride organischer Säuren), das in einem mit Wasser nicht mischbaren organischen Solvens gelöst ist (Benzol, Toluol, Chloroform), mit dem wasserlöslichen Zellulose-Derivat (z.B. niedrigsubstituiertem Zellulosexanthogenat) in verhältnismäßig hochviskoser Lösung. Die Reaktion verläuft nach dem Schema:

$$\left[C_6H_7O_2(OH)_{2,7}\left(\underset{S}{\overset{}{O-\underset{\|}{C}-SNa}}\right)_{0,3}\right]_n + nm R-\underset{\|}{\overset{}{\underset{O}{C}}}-Cl$$

$$\xrightarrow{NaOH} \left[C_6H_7O_2(OH)_{2,7-m}\left(\underset{O}{\overset{}{O-\underset{\|}{C}-R}}\right)_m\left(\underset{O}{\overset{}{O-\underset{\|}{C}-SNa}}\right)_{0,3}\right]_n$$

Bei der nachfolgenden Behandlung des erhaltenen Zellulose-Mischesters mit verdünnten Mineralsäuren findet die Verseifung der Thiocarbon-Gruppen statt:

$$\left[C_6H_7O_2(OH)_{2,7-m}\left(\underset{O}{\overset{}{O-\underset{\|}{C}-R}}\right)_m-\left(\underset{O}{\overset{}{O-\underset{\|}{C}-SNa}}\right)_{0,3}\right]_n + 0{,}3n\,HCl$$

$$\longrightarrow \left[C_6H_7O_2(OH)_{3-m}\left(\underset{O}{\overset{}{O-\underset{\|}{C}-R}}\right)_m\right]_n + 0{,}3n\,NaCl + 0{,}3n\,CS_2$$

Nach diesem Schema wurden Zelluloseester mit p-Nitrobenzoesäure und Chlorvaleriansäure synthetisiert.

Einer der Vorteile der Esterifizierungsmethode an der Phasengrenzfläche ist die hohe Reaktionsgeschwindigkeit. So ist z.B. die Synthese des Zelluloseesters mit Chlorvaleriansäure mit einem Substitutionsgrad von 1,5 an der Phasengrenzfläche bei einer Temperatur von 0 bis 5 °C innerhalb von 5 bis 10 Minuten beendet, während die Synthese des gleichen Zelluloseesters (Substitutionsgrad 1,0) durch Einwirkung des Chloranhydrids der Säure unter den üblichen Reaktionsbedingungen bei 70 °C sechs Stunden dauert. Die niedrige Reaktionstemperatur beugt dem Abbau beim Esterifizierungsprozeß vor. Die Nachteile dieser Methode sind der hohe Verbrauch an Esterifizierungsmitteln für Nebenreaktionen und die Notwendigkeit, zunächst ein niedrigsubstituiertes Zellulosexanthogenat herzustellen.

Die Synthese der Zelluloseester durch Umesterung basiert auf der Alkoholyse der niedermolekularen Ester durch die Hydroxy-Gruppen des Zellulose-Makromoleküls. Möglich ist auch die Umesterung nach dem Mechanismus des doppelten Esteraustauschs.

Die Umesterungsreaktion wurde zum ersten Mal bei der Herstellung von Zelluloseborat verwendet[9]. Bei der Alkoholyse von Methylborat und n-Propylborat mit Zellulose wurde ein Zelluloseborat mit einem Substitutionsgrad von 2,88 erhalten, das leicht in Wasser hydrolysierte. Später wurden systematische Untersuchungen über die Synthese von phosphorhaltigen Zelluloseestern mittels zellulosischer Alkoholyse von Estern von dreiwertigen Phosphorsäuren durchgeführt. Bei der Umesterung wurden Mono-[10], Di-[11] und Trimethylphosphite[12] verwendet sowie auch Ester der phosphorigen Säure[13]. Die durchgeführten Untersuchungen ergaben, daß der Substitutionsgrad des Zelluloseesters bei diesen Reaktionen erhöht werden kann, wenn in einem aprotischen Lösungsmittel (Dimethylformamid) gearbeitet wird. Die Reaktionstemperatur läßt sich erniedrigen, wenn anstelle der Dimethylphosphite Phenyl-β-chlorethylphosphit oder β-Chlorethylphosphit eingesetzt wird[14,15]. Von beträchtlichem Interesse ist die Alkoholysereaktion von Aryl- und Naphthalinsulfosäureestern mit den Hydroxy-Gruppen der Zellulose. Sie führt nicht zur Bildung von Estern wie in den eben beschriebenen Fällen, sondern zur Bildung von Zelluloseethern[16,17]. Wie bekannt, ist eine der weitverbreitetsten Methoden zur Herstellung von Methylzellulose die Alkoholyse von Schwefelsäureestern (Dimethylsulfat).

In Abhängigkeit von den Strukturbesonderheiten des niedermolekularen Esters kann dessen Alkoholyse durch die Zellulose entweder zur Bildung eines Zelluloseesters oder zur Bildung eines Zelluloseethers führen. Die durchgeführten Untersuchungen über die Gesetzmäßigkeiten der Alkoholyse von aliphatischen und aromatischen Carbonsäureestern durch die Zellulose gestatteten es, Vorstellungen über die wechselseitige Verknüpfung zwischen der Struktur und der Reaktionsfähigkeit der niedermolekularen Ester in dieser Reaktion und über die Reaktionsrichtung zu formulieren[18-20].

Den erhaltenen Daten[20] (Tab. 1.1) entsprechend, beeinflußt den Mechanismus der Umesterungsreaktion und den Substitutionsgrad des erhaltenen Esters in erster Linie der Polarisationsgrad der Esterbindung. Er läßt sich durch den Wert der Dissoziationskonstante der Säure, die den niedermolekularen Ester bildet, charakterisieren.

Tab. 1.1 Einfluß des Dissoziationsgrades der Säuren, die die niedermolekularen Ester bilden, auf den Substitutionsgrad, der bei der Alkoholyse erhaltenen Zelluloseester

Säuren, die in die Zusammensetzung des Esters eingehen		Substitutionsgrad	
R in R—COOH	$K_{25} \cdot 10^{-5}$	nach den Acyl-Gruppen	nach den O-Alkyl-Gruppen
C_5H_5-CH_2-	4,88	0,45	—
C_6H_5-	6,3	0,47	—
p-Cl-C_6H_4-	10,3	0,54	—
p-HO-C_6H_4-	26,2	0,67	—
p-O_2N-C_6H_4-	37,2	0,59	—
C_6H_5-OCH_2-	75,6	0,64	—
Cl-CH_2-	138	0,74	0,06
2,4-Cl_2-C_6H_3-OCH_2-	230	0,87	0,13
o-O_2N-C_6H_4-	675	0,54	0,18
2,4,6-$(O_2N)_3$-C_6H_2-	22 400	0,48	0,75
CF_3-CF_2-CF_2-	68 000	0,01	1,70

Die Alkoholyse von Estern schwacher Carbonsäuren durch die Zellulose führt unter Aufspaltung der Acyl-Säure-Bindung zum Zelluloseester. Durch eine Säure mit einer größeren Dissoziationskonstante wird der Substitutionsgrad des erhaltenen Zelluloseesters erhöht.

Das Maximum wird bei einem pK_a der Säure von 2 bis 2,5 erreicht. Bei diesem Wert wird die Richtung des Angriffs der Hydroxy-Gruppen partiell geändert. Eine weitere Erhöhung der Dissoziationskonstante der Säure führt zu einer deutlichen Änderung der Reaktionsrichtung, nämlich zur Etherbildung. So wird das Methylperfluorbutyrat (Dissoziationskonstante 6,8 · 10^{-1}) durch die Zellulose unter Aufspaltung der Alkyl-Säure-Bindung und Bildung eines Zelluloseethers alkaholisiert.

Einen bestimmten Einfluß auf die Reaktionsfähigkeit der niedermolekularen Ester bei der Umesterungsreaktion durch die Zellulose haben auch gewisse andere Faktoren, wie sterische Hinderungen durch voluminöse Substituenten, der Quellungsgrad der Zellulose in Gegenwart des Reagens usw.

Die festgestellten Gesetzmäßigkeiten sind offensichtlich auch gültig für die Umesterungsreaktionen von Estern anorganischer Säuren. In der Tat sind die Ester von starken Säuren (Schwefelsäure und Acrylsulfonsäure) *O*-alkylierende Reagentien, während die Ester von schwachen Säuren (phosphorhaltige Säuren und Borsäure) bei der Umesterung durch die Zellulose Ester ergeben.

2. Oxidation der Hydroxy-Gruppen

Die vor ungefähr 40 Jahren ausgearbeiteten Methoden der selektiven Oxidation der Zellulose (Oxidation mit Periodat, Bleitetraacetat und Stickstoffdioxid) bieten die Möglichkeit der Bildung von funktionellen Gruppen vorzugsweise eines bestimmten Typs (Carbonyl-Gruppen oder Carboxy-Gruppen). Trotz der geringen Beständigkeit der Glykosid-Bindung im Makromolekül der Monocarboxy- und Dialdehydzellulose gegenüber der Einwirkung von Reagenzien wie verdünnter Laugen, bei der Monocarboxyzellulose sogar von heißem Wasser, nahm das Interesse an der Reaktion der selektiven Oxidation zu. Der Grund hierfür liegt in der Möglichkeit, die Produkte der selektiven Oxidation als Ausgangsverbindungen für die Synthese von Derivaten verwenden zu können, die eine potentielle biologische Aktivität besitzen. Sie lassen sich auch als Modellverbindungen für das Studium des Einflusses von Carbonyl- und Carboxy-Gruppen auf die Eigenschaften der Zellulose verwenden. Ein interessantes Oxidationsmittel, mit dessen Hilfe man aus 6-*O*-Tritylzellulose 2-Ketozellulose herstellen kann, ist das Dimethylsulfoxid (DMSO). Durch die Einwirkung von DMSO in Gegenwart von elektrophilen Reagentien — Essigsäureanhydrid[21] bzw. Dicyclohexylcarbodiimid und Pyridintrifluoracetat[22] — wurde 2-Ketozellulose mit einem Substitutionsgrad bis zu 0,6 bzw. bis zu 1,0 erhalten. Die Oxidation der sekundären Hydroxy-Gruppen bis zu Carbonyl-Gruppen wurde auch durch Einwirkung von Chlorbenzotriazol[23] auf 6-*O*-Tritylzellulose realisiert.

Das System Dimethylsulfoxid und Essigsäureanhydrid wurde[24] zur Oxidation von primären Hydroxy-Gruppen der Zellulose bis zu Aldehyd-Gruppen eingesetzt (die sekundären Hydroxy-Gruppen wurden zum Schutz carbanyliert). Da im alkalischen Medium, in dem die Abspaltung der Phenylcarbamoyl-Gruppen erfolgt, die Aldehyd-Gruppen unbeständig sind, lassen sich nach dieser Methode nur 6-carboxyderivierte Zellulosen gewinnen (Mischpolysaccharid, das Kettenglieder der Glukuronsäure[25] enthält):

Oxidation der Hydroxy-Gruppen

R = O—CO—NH—Ph
Tr = C(C$_6$H$_5$)$_3$

Carboxyzellulose kann auch erhalten werden[26] bei der direkten Oxidation von Zellulose mit Natriumnitrit, das in konzentrierter Phosphorsäure gelöst ist.

Analog den chemischen Umwandlungen der Produkte der selektiven Oxidation, die an verschiedenen Kohlenstoff-Atomen Carbonyl-Gruppen enthalten, wurden Mischpolysaccharide synthetisiert, die Aminozucker-Kettenglieder besitzen: 6-Amino-6-desoxyzellulose[25] und 2(3)-Aminomethyl-2(3)-desoxyzellulose[27]:

R = —O—CO—NH—Ph

3. Synthese von Zellulose-Derivaten durch nukleophile Substituierung

Die Reaktionen der nukleophilen Substituierung werden in breitem Umfang in der Chemie der niedermolekularen Verbindungen — speziell der Zucker — für die Synthese verschiedener Derivate angewendet. So ist es zum Beispiel möglich, den Übergang zu Mischpolysacchariden zu realisieren, die sich von der Zellulose durch die Konfiguration der asymmetrischen Kohlenstoff-Atome des elementaren Kettengliedes, durch die Konformation des elementaren Kettengliedes, durch die Art der funktionellen Gruppen usw. unterscheiden. Der Vergleich der Eigenschaften der Zellulose mit denen solcher Polysaccharide gibt die Möglichkeit, allgemeine Gesetzmäßigkeiten, die charakteristisch für die Reaktionen der Polymeren dieser Klasse sind, festzustellen. Die systematischen Untersuchungen bei der Synthese der Zellulose-Derivate mit der nukleophilen Reaktion gestatten es auch, die Spezifität des Einflusses der polymeren Struktur auf die Kinetik, den Mechanismus und die Stereochemie der ablaufenden Reaktionen, auf die Analogien und Unterschiede in den Reaktionen der Polysaccharide und der niedermolekularen Modellverbindungen der Monosaccharide aufzuklären.

Für die Reaktionen der nukleophilen Substituierung müssen derivierte Zellulosen verwendet werden, bei denen die Bindung zwischen dem Kohlenstoff-Atom des elementaren Kettengliedes und dem Substituenten stark polarisiert ist. Wegen des niedrigen Polarisationsgrades der Bindung C—OH kann die direkte Substituierung der Hydroxy-Gruppen des elementaren Kettengliedes des Zellulose-Makromoleküls nur realisiert werden bei der Anwendung sehr starker nukleophiler Reagentien, z.B. von Iodmethylat des Triphenylphosphits[28]. In der Mehrzahl der Fälle werden als Ausgangsverbindungen Ester von Zellulose und starken Säuren von Aryl- und Alkylsulfonsäure sowie von Salpetersäure und Schwefelsäure, als auch halogenderivierte Desoxyzellulosen benützt.

3.1 Grundlegende Gesetzmäßigkeiten

Die ersten Versuche zum Einsatz der nukleophilen Substituierung der Hydroxy-Gruppen für die Synthese von neuen Zellulose-Derivaten wurden vor mehr als 50 Jahren unternommen, z.B. bei der Synthese von Amino- und Chlordesoxyzellulose[29]. Die systematische Erforschung der Anwendung dieser interessanten und aussichtsreichen Methode begann jedoch erst in den letzten Jahren. Das größte wissenschaftliche und praktische Interesse hat dabei die Erforschung der Abhängigkeit der Reaktionsgeschwindigkeit und der Reaktionsrichtung von der Natur des Lösungsmittels, von der Struktur der zu substituierenden Gruppe und des nukleophilen Reagens.

Bei der Beurteilung der Reaktionsfähigkeit der Zellulose-Derivate bei der nukleophilen Substituierung, des Mechanismus und der Stereochemie der Reaktionen ist der Charakter des Lösungsmittels zu berücksichtigen. Er hat einen großen Einfluß auf den Elektronenzustand des Reaktionszentrums und die Energie des Übergangskomplexes. Nach den verschiedenen Angaben[30-32] ist einer der wesentlichsten Faktoren, die den Einfluß des Lösungsmittels auf die Richtung der ablaufenden Reaktionen bestimmen, der Solvatationsgrad des Substrats, des nukleophilen Reagens und des Übergangskomplexes durch das Lösungsmittel.

Die Reaktionen der nukleophilen Substituierung bei der Synthese von Zellulose-Derivaten können sowohl im wäßrigen Medium, als in organischen Lösungsmitteln (protischer oder aprotischer Solventien) stattfinden. Wie Sletkina, Poljakow und Rogowin[33] am Beispiel der Synthese von Halogendesoxyzellulose durch nukleophile Substituierung der Tosyloxy-Gruppen gezeigt haben, ist die Reaktionsgeschwindigkeit im wäßrigen Medium und in n-Butanol (protonenhaltiges Lösungsmittel) viel niedriger, als in Cyclohexanol (aprotisches

Synthese von Zellulose-Derivaten durch nukleophile Substituierung

Lösungsmittel). Es ist interessant, daß im wäßrigen Medium[33] der Prozeß nicht von Nebenreaktionen begleitet wird, wie sie bei der Wechselwirkung des Zellulosetosylats mit Natriumchlorid in den aufgezählten Lösungsmitteln beobachtet werden.

Die Erhöhung der Reaktionsgeschwindigkeit beim Übergang von Wasser zum aprotischen Lösungsmittel (Dimethylformamid) wurde auch bei der Herstellung von Aminodesoxy-Derivaten aus Zellulosetosylat beobachtet[34]. Beim Studium der nukleophilen Substituierung der Sulfonyloxy-Gruppen im Zellulosetosylat, die nach dem Schema verläuft,

ergab sich, daß die Substituierungsgeschwindigkeit in Dimethylsulfoxid beträchtlich höher ist als in Phenol[35].

Bei der Einwirkung von niedermolekularen nukleophilen Reagentien auf Zelluloseester kann die nukleophile Substituierung sowohl nach intermolekularem Mechanismus unter Bildung von Desoxyzellulose-Derivaten von Estern und Ethern verlaufen, als auch nach dem intramolekularen Mechanismus. Die Einwirkung des niedermolekularen nukleophilen Reagens in einem polaren Lösungsmittel führt zur Ionisation der Hydroxy-Gruppen des elementaren Kettengliedes, was den Angriff der Tosyloxy-Gruppen-(Sulfat, Nitrat)-enthaltenden Kohlenstoff-Atome durch diese Gruppen begünstigt. Daraus entstehen Mischpolysaccharide, die elementare Kettenglieder von Anhydrosacchariden enthalten, deren Anhydroformation in verschiedener Stellung steht.

$Ts = p-CH_3-C_6H_4-SO_2$

Die Strukturen der Lösungsmittel haben einen wesentlichen Einfluß nicht nur auf die Reaktionsgeschwindigkeit, sondern auch auf die Reaktionsrichtung der nukleophilen

Substituierung. Wenn z.B. bei der Reaktion von 2(3)-O-Tosyl-6-O-tritylzellulose mit Natriumacid als Lösungsmittel Hexamethylphosphorsäuretriamid verwendet wird, das durch hohe Basizität und großes Molekülvolumen gekennzeichnet ist, erhöht sich die direkte Substituierung der Tosyloxy-Gruppen gegenüber dem Einsatz von Dimethylformamid als Lösungsmittel[36]. Bei der Wechselwirkung von 6-p-substituierten Zellulosebenzolsulfonaten mit Lithiumacetat in Hexamethylphosphorsäuretriamid verläuft die Reaktion ebenfalls in der Hauptsache nach dem intermolekularen Mechanismus[37]:

$$\text{CH}_2\text{-OTs structure} \xrightarrow{\text{Hexamethyl-phosphorsäure-triamid, AcO}^-} \text{CH}_2\text{-OAc structure}$$

Indem sie die Wahrscheinlichkeit des Reaktionsablaufs nach dem $S_N 2$-Mechanismus heraufsetzen, bei dem in der Regel eine Umdrehung der Konfiguration der Substituenten an den sekundären Kohlenstoff-Atomen des elementaren Kettengliedes des Zellulose-Makromoleküls erfolgt, beeinflussen die aprotischen Lösungsmittel die nukleophile Substituierung. Deswegen führt die Reaktion von 2(3)-O-Tosylzellulose mit Lithiumacetat in Dimethylformamid und Dimethylsulfoxid zur Bildung eines Polysaccharids, das bis zu 85% (vom theoretisch Möglichen) Kettenglieder der 2,3-Anhydromannose enthält[35]. Eine hohe Ausbeute an Produkten mit gedrehter Konfiguration der sekundären Kohlenstoff-Atome wird auch beobachtet bei der Reaktion von 2(3)-O-Tosylzellulose und von 2(3)-O-p-Brombenzolsulfonat der Zellulose mit Lithiumacetat in Dimethylsulfoxid und Hexamethylphosphorsäuretriamid[38].

Die Untersuchungen über den Einfluß der Struktur der substituierten Gruppe in den Zelluloseestern auf die Geschwindigkeit und die Richtung der nukleophilen Substituierungsreaktion wurden verhältnismäßig spät begonnen, weil sich das Hauptaugenmerk auf die Führung der Reaktion richtete und verhältnismäßig selten die Reaktionskinetik zur Diskussion stand. Eine vergleichende Abschätzung der Substituierungsgeschwindigkeit der Sulfonyloxy- und Nitrat-Gruppen in den entsprechenden Zelluloseestern bei der Iodierung mit Natriumiodid in Cyclohexanon wird in [33] gegeben. Nach den dort angegebenen Daten ist die Reaktionsfähigkeit des Zellulosetosylats höher als die des Zellulosenitrats. Die Geschwindigkeitskonstanten der Reaktion bei 100 °C betrugen $79{,}0 \cdot 10^{-4}$ und $3{,}7 \cdot 10^{-4}$ $l \cdot mol^{-1} \cdot s^{-1}$.

Später wurde gezeigt[37], daß bei der Reaktion von p-substituierten Zellulosebenzolsulfonaten (p-Toluol-, p-Brombenzol und p-Nitrobenzolsulfonat) mit Lithiumacetat im Medium von Hexamethylphosphorsäuretriamid die höchste Substitutionsgeschwindigkeit der Sulfonyloxy-Gruppen beim p-Nitrobenzolsulfonat beobachtet wird. $k = 1{,}6 \cdot 10^{-2}$ s^{-1}, im Vergleich mit $0{,}85 \cdot 10^{-2}$ s^{-1} für das Tosylat und $1{,}0 \cdot 10^{-2}$ s^{-1} für das p-Brombenzolsulfonat.

Die Reaktionsfähigkeit der Zelluloseester hängt auch vom Charakter des nukleophilen Reagens ab. So ist, im Gegensatz zu der oben angeführten Gesetzmäßigkeit, die Reaktionsgeschwindigkeit der Anthranilsäure sowie auch der m- und p-Aminobenzoesäuren mit Zellulosenitrat in wäßrigem Medium beträchtlich höher als mit Zellulosetosylat. Es ist interessant, daß mit diesen Reaktionen sogar in wäßrigem Medium Derivate der Aminodesoxyzellulose mit einem Stubstitutionsgrad von 1,8 bis 1,9 erhalten werden. Das bedeutet, daß an der Reaktion nicht nur die primären, sondern auch die sekundären Nitrat-Gruppen teilnehmen. Die Möglichkeit der Substituierung von primären und sekundären Tosyloxy-Gruppen wurde auch bei der Einwirkung von Salzen aliphatischer Carbonsäuren[39] und von Phenolaten[40] auf Zellulosetosylat festgestellt.

Die Struktur der Gruppe, die mit Hilfe des nukleophilen Reagens substituiert wird, beeinflußt nicht nur die Geschwindigkeit, sondern auch den Mechanismus und die Stereochemie der Substitutionsreaktion[35,41]. So verläuft die Reaktion der sekundären Tosyloxy-Gruppen in der 2(3)-*O*-Tosylzellulose mit Kaliumacetat in phenolischem Medium unter Mitbeteiligung der Hydroxy-Gruppe an C(3) des elementaren Kettengliedes intramolekular und führt zur Bildung von 2,3-Anhydro-Ringen. Bei ihrer Aufspaltung treten in der Polymerkette Kettenglieder mit Altro-Konfiguration der sekundären Hydroxy-Gruppen auf:

Die Substituierung der sekundären Mesyloxy-Gruppen ist eine typische intermolekulare Reaktion. Deshalb werden Kettenglieder mit Manno-Konfiguration der sekundären Hydroxy-Gruppen gebildet:

Ms = CH_3-SO_2-

Die Hauptursache für die unterschiedliche Reaktionsrichtung sind sterische Hinderungen für den Angriff durch das niedermolekulare nukleophile Reagens auf das Kohlenstoff-Atom, dem die Tosyl-Gruppe angelagert ist. Dabei ist für die ihrem Volumen nach kleine Mesyloxy-Gruppe eine direkte Substituierung durch das Acetoxy-Ion möglich.

In den *p*-Nitroarylsulfonaten der Zellulose, in denen die Esterbindung wegen des elektronegativen Substituenten (Nitro-Gruppe) stärker polarisiert ist als im Tosylat und Mesylat, ändert sich die Angriffsrichtung des nukleophilen Reagens. Das Reaktionszentrum verschiebt sich vom Kohlenstoff- zum Schwefel-Atom. Dies führt zur Aufspaltung der *S-O*-Bindung[38].

Bei der Untersuchung der Zusammenhänge zwischen der Struktur der Zelluloseester und der Reaktionsrichtung ist auch der Einfluß der anderen Substituenten zu berücksichtigen. Durch sie kann das Verhältnis zwischen den ablaufenden Reaktionen wesentlich verändert werden. Beim Vorliegen eines voluminösen Substituenten (Trityl-Gruppe) in der 2(3)-*O*-Tosyl-6-*O*-tritylzellulose, der aus sterischen Gründen eine intramolekulare Reaktion verhindert, finden mit der Bildung von 2,3-Anhydrocyclen auch Eliminierungsreaktionen statt[42]. Im Falle der 2(3)-*O*-Tosylzellulose, bei der die sterischen Hinderungen durch Konformationsumgruppierungen offensichtlich kleiner sind, findet keine Eliminierungsreaktion statt, sondern kommt es praktisch zu einer quantitativen Bildung von 2,3-Anhydro-Ringen[43].

Eine besondere Bedeutung gewinnt die Frage, wie andere funktionelle Gruppen, die zur Ionisation befähigt sind oder die ein ungeteiltes Elektronenpaar besitzen, die Richtung der Reaktion beeinflussen. Eine solche Gruppe ist z.B. die Hydroxy-Gruppe, die die Rolle eines *inneren* nukleophilen Reagens spielt, das den Ablauf der Reaktion entsprechend den intramolekularen Mechanismus steuert. Zusammen mit der Hydroxy-Gruppe kann sich aber auch die Acyloxy-Gruppe an der Reaktion beteiligen; in Gegenwart der

Acyloxy-Gruppe verläuft die Reaktion offensichtlich über ein intermediäres Stadium der Bildung eines ringförmigen Acyloxonium-Ions. So wird das Mischpolysaccharid, das Kettenglieder der 3,6-Anhydroglucose enthält, nicht nur bei der alkalischen Verseifung des Zellulosetosylats gebildet[44], sondern auch bei der Verwendung von 2,3-Di-O-acetyl-6-O-tosylzellulose als Ausgangsverbindung[45].

In Abhängigkeit von der Struktur der mitbeteiligten Gruppe kann sich auch die Reaktionsrichtung ändern. Wie gezeigt wurde[46], ist bei der Einwirkung von Lithiumacetat auf 2(3)-O-Tosyl-3(2)-O-benzoylzellulose in Hexamethylphosphorsäuretriamid eine Reaktionsrichtung die Bildung von 3,6-Anhydro-Ringen. Diese Reaktion entspricht nicht den Umsetzungen, die keine benachbarten Benzoat-Gruppen besitzen. Die Verseifung des gebildeten intermediären cyclischen Orthoesters gestattet es, die Synthese eines Mischpolysaccharids zu realisieren, das Kettenglieder der Allose enthält.

Der Einfluß der Natur des nukleophilen Reagens auf die Reaktionsgeschwindigkeit und die Zusammensetzung der erhaltenen Zellulose-Derivate wurde bis jetzt noch nicht systematisch untersucht. Es sind nur einzelne Fakten bekannt, die einer ergänzenden Analyse und Verallgemeinerung bedürfen. So lassen sich bei der Synthese von Halogen-Derivaten der Desoxyzellulose durch Einwirkung von Salzen der verschiedenen Halogenwasserstoffsäuren die nukleophilen Reagentien nach ihrer Reaktionsfähigkeit in die folgende Reihe einteilen: Cl < Br < I[33]. Der Substitutionsgrad der Halogen-Derivate der Desoxyzellulose, die unter homogenen Bedingungen hergestellt werden, ist bei Verwendung von Iodiden als nukleophiles Reagens um das 2- bis 3fache höher als bei der Verwendung von Chloriden. Dies läßt sich durch den kleineren Hydratationsgrad bei dem größeren Anionenradius des nukleophilen Reagens erklären.

Weiterhin wurde auch der Einfluß der chemischen Struktur und der Größe des Aminradikals untersucht, das an der Reaktion der nukleophilen Substituierung bei der Synthese von N-alkyl(aryl)-substituierten Aminodesoxyzellulosen[47] teilnimmt. Diese Reaktion verläuft nach dem Schema:

$$[C_6H_7O_2\text{-}(OH)_{3-m}(OTs)_m]_n + 2_{nm} H_2NR$$
$$\longrightarrow [C_6H_7O_2\text{-}(OH)_{3-m}(HNR)_m]_n + nm\ RNH_3^+\ OTs^-$$

Als nukleophile Reagentien wurden primäre aliphatische Amine mit verschiedener Radikalgröße (Butylamin und Hexylamin), sekundäre Amine (Dibutylamin), ein alicyclisches (Piperidin) und ein aromatisches Amin (Anilin) verwendet. Dabei wurde festgestellt, daß zwischen der Basizität des Amins und seiner Reaktionsfähigkeit mit dem Zellulosetosylat ein direkter Zusammenhang besteht: bei der Einwirkung von Piperidin, dessen Basizität größer ist als die der primären aliphatischen Amine, wird unter einheitlichen Bedingungen ein Produkt mit einem höheren Substitutionsgrad erhalten als bei der Umsetzung des Zellulosetosylats mit Butylamin oder Hexylamin. Die Aminobenzoesäuren mit Substituenten in verschiedener Stellung am Kern können ihrer Reaktionsgeschwindigkeit nach sowohl mit dem Zellulosenitrat, als auch mit dem Zellulosetosylat wie folgt geordnet werden[48]:

ortho- > *para-* > *meta-*

Der Charakter der nukleophilen Reagentien zeigt auch einen Einfluß auf die Reaktionsgeschwindigkeiten bei ihrer Umsetzung mit Zelluloseestern. Die Untersuchung der Zusammensetzung der Mischpolysaccharide, die durch Umsetzung von 2(3)-O-Tosylzellulose mit Natriummethylat, Kaliumhydroxid und Lithiumacetat erhalten wurden, zeigte, daß bei Verwendung von Lithiumacetat (einem Reagens von niedriger Nukleophilität und verhältnismäßig hoher Basizität) die Nebenreaktion der Eliminierung stark herabgesetzt wird[35].

3.2 Mischpolysaccharid-Synthesen

Bei der intramolekularen Substituierung von sekundären Tosyloxy-Gruppen, die bei der Reaktion des Zellulosetosylats mit einer Reihe von nukleophilen Reagentien vor sich geht, wird ein Mischpolysaccharid gebildet, das Kettenglieder der 2,3-Anhydromannose enthält. Zum Beispiel wurde bei der Umsetzung von 2(3)-O-Tosylzellulose (Substitutionsgrad von 0,68 bis 0,74) mit Lithiumacetat in Dimethylsulfoxid ein Mischpolysaccharid hergestellt, bei dem bis zu 60% der elementaren Kettenglieder α-Oxid-Ringe enthalten[49,50]. Die chemischen Umwandlungen eines solchen Mischpolysaccharids, die auf der Ringöffnung bei der Einwirkung bestimmter nukleophiler Reagentien basieren, sind nicht nur interessant als Identifizierungsmethode seines Monosaccharid-Gehaltes, sie gestatten auch den Übergang zu neuen Mischpolysacchariden. Die neuen Polysaccharide[51] stehen nach ihrer Struktur solchen nativen Polymeren wie der Zellulose und Chitosan nahe. Sie unterscheiden sich jedoch von ihnen durch die Konfiguration der Substituenten an den sekundären Kohlenstoff-Atomen des elementaren Kettengliedes (das Mischpolysaccharid I, das Glucose- und Altrose-Kettenglieder besitzt) oder durch die Konfiguration und die Stellung der Substituenten (das Mischpolysaccharid II, das Kettenglieder von Glucose und 3-Desoxy-3-amino-altrose hat):

Bei der intramolekularen nukleophilen Substituierung der primären Tosyloxy-Gruppen, die bei der alkalischen Verseifung des Zellulosetosylats[44,52] oder der 2,3-Di-O-acetyl-6-O-tosylzellulose[45,53] stattfindet, wird ein Mischpolysaccharid gebildet, das bis zu 70% Kettenglieder der 3,6-Anhydroglucose enthält. Nach [54] befinden sich diese in der Konformation 1C. Wie bekannt, haben die elementaren Kettenglieder in der Zellulose die Konformation C1.

3.3 Synthese von Estern, Ethern und Desoxy-Derivaten

Durch nukleophile Substituierung können Ester und Ether sowie Desoxyzellulose-Derivate hergestellt werden, Beispiel: Zellulosetosylat:

$[C_6H_7O_2(OH)_{3-m}(OTs)_m]_n$

$\xrightarrow{RCOONa}$ $[C_6H_7O_2(OH)_{3-m}(OOCR)_x(OTs)_{m-x}]_n$

$\xrightarrow{RONa}$ $[C_6H_7O_2(OH)_{3-m}(OR)_x(OTs)_{m-x}]_n$

$\xrightarrow{NaY}$ $[C_6H_7O_2(OH)_{3-m}(OTs)_{m-x}Y_x]_n$

Auf diesem Wege wurden Mischester der Zellulose mit p-Toluolsulfonsäure und mit Dicarbonsäuren, z.B. Adipinsäure, mit niederen Carbonsäuren, z.B. Essigsäure sowie auch mit höheren Carbonsäuren, wie Stearinsäure und Oleinsäure[39] gewonnen; der Substitutionsgrad betrug entsprechend der Acyl-Gruppe 1,4 bis 1,5. Daraus ergibt sich, daß unter bestimmten Bedingungen (Lösung des Zelluloseditosylats in Dimethylformamid) an der Substitutionsreaktion nicht nur die primären, sondern auch die sekundären Tosyloxy-Gruppen teilnehmen.

Die nukleophile Substituierung kann mit Erfolg für Synthesen von Estern verwendet werden, die sich mit anderen Methoden nicht herstellen lassen, z.B. Ester von Zellulose und α-Aminosäuren oder sich nur mit großer Mühe bilden, z.B. Ester der Zellulose mit Säuren, die Dreifachbindungen enthalten.

Die Nutzung dieser Methode für die Synthese von Zelluloseestern ist dadurch begrenzt, daß sie von Estern der Zellulose und der Sulfosäuren ausgeht. Sie kann bei der Anwendung zugänglicherer Zelluloseester ausgeweitet werden, insbesondere der Zellulosenitrate. Durch Substituierung der Tosyloxy-Gruppen können auch neue Typen von Zelluloseethern erhalten werden, deren Synthese auf anderem Wege nicht möglich ist. So gelang es Rogowin und Wladimirowa[40], nach mehrmaligen erfolglosen Versuchen Zellulosephenylether nach folgendem Schema darzustellen:

$$[C_6H_7O_2\cdot(OH)_{3-m}(OTs)_m]_n + nm\,C_6H_5ONa$$
$$\longrightarrow [C_6H_7O_2\cdot(OH)_{3-m}(OC_6H_5)_m]_n + nm\,TsONa$$

Es wurden Zellulosephenylether von verschiedenem Substitutionsgrad bis 1,45 synthetisiert[55] sowie auch Ether aus Zellulose und polyvalenten Phenolen. Die Methode kann auch für die Synthese von anderen Zelluloseethern verwendet werden.

Die Aussichten der Anwendung der nukleophilen Substituierung lassen sich am Beispiel der Synthese von Nitrodesoxyzellulose illustrieren, die bis jetzt mit anderen Methoden nicht hergestellt werden konnte.* Dieses Nitro-Derivat konnte durch Umsetzung von Zellulosetosylat (oder Ioddesoxyzellulose) mit Natriumnitrit gewonnen werden[57]:

$$[C_6H_7O_2\cdot(OH)_{3-m}(OTs)_m]_n + nm\,NaNO_2$$
$$\longrightarrow [C_6H_7O_2\cdot(OH)_{3-m}(NO_2)_m]_n + nm\,TsONa$$

Bei der Einwirkung einer 10%igen wäßrigen Natriumnitrit-Lösung bei 100 °C auf Zellulosemonotosylat wurde das Nitro-Derivat der Desoxyzellulose mit einem Substitutionsgrad von 0,4 erhalten. Eine Nitrodesoxyzellulose mit einem höheren Substitutionsgrad von 1,46 läßt sich herstellen[58] durch Umsetzung von Zellulosetosylaten mit Natriumnitrit in Gegenwart geringer Mengen Carbamid und Phloroglucin.

3.4 Synthese von C-Alkyl-Derivaten der Desoxyzellulose mit metallorganischen Verbindungen

Die chemische Umwandlung der Zellulose mit metallorganischen Verbindungen ist mit beträchtlichen Schwierigkeiten verbunden. Zunächst findet bei der Einwirkung der metallorganischen Verbindungen eine partielle Aufspaltung der Acetalbindungen zwischen den

---

* Zellulose-Drivate, die Nitro-Gruppen enthalten, wurden von Schorygina, Kusnezowa und Iwanowa[56] durch Einwirkung von Nitromethan auf Dialdehydzellulose synthetisiert (Kondensationsreaktion). Diese Produkte können jedoch nur bedingt den Zellulosenitro-Derivaten zugerechnet werden, weil in den Grundketten der Pyranose-Ring aufgeht.

elementaren Kettengliedern des Zellulose-Makromoleküls statt, was einen merklichen Abbau mit sich bringt und die Ausbeute herabsetzt. Dann reagieren die metallorganischen Verbindungen mit den freien Hydroxy-Gruppen des Zellulose-Makromoleküls, wobei sie Alkoholate bilden. Obwohl die Alkoholate bei der nachfolgenden Behandlung mit Wasser oder verdünnten Säuren leicht hydrolysieren, erhöhen diese Nebenreaktionen den Verbrauch an metallorganischen Verbindungen beträchtlich. Deshalb ist diese Methode nur für die Synthese bestimmter neuer Zellulose-Derivate im Laboratorium interessant.

Durch die Einwirkung von hochreaktionsfähigen lithiumorganischen Verbindungen auf Zelluloseiodtosylate, die durch Iodierung von Zellulosetosylat mit einem hohen Substitutionsgrad hergestellt werden, wurde eine neue Klasse von Mischpolysacchariden synthetisiert. Diese Mischpolysaccharide besitzen Kettenglieder der 6-C-Alkyl-6-desoxy-glucose[59]:

Bei der Umsetzung von Zellulosetosylat, aber auch von Zelluloseiodtosylat, mit einer anderen lithiumorganischen Verbindung, dem Phenylborenyllithium, wurden beständige borhaltige Zellulose-Derivate (Phenylborenyldesoxyzellulose) mit einem Substitutionsgrad bis zu 1,32 erhalten[60]:

3.5 Synthese von Zellulose-Derivaten mit Radikal- und Ionenanlagerungsreaktionen

Die Reaktionen der Anlagerung von Radikalen an Kohlenstoff-Kohlenstoff-Doppelbindungen in Gegenwart von Initiatoren oder unter Einwirkung von UV-Bestrahlung wurden systematisch von Karrasch und Mitarbeitern[61] am Beispiel des n-Oktens studiert. Die Anwendung dieser Methode zur Synthese neuer Zellulose-Derivate, die auf anderen Wegen nicht hergestellt werden können, hat beträchtliches Interesse. Die Methode ist besonders gut brauchbar für die chemischen Umwandlungen von Zellulose-Derivaten, die Doppelbindungen direkt im elementaren Kettenglied enthalten, wie z.B. das 5,6-Zelluloseen, das durch Dehydrohalogenierung von Ioddesoxyzellulose hergestellt wird[62]. Die Radikalanlagerung wurde im heterogenen Medium in Argon-Atmosphäre bei 30 bis 65 °C durchgeführt. Die Bildung der Radikale erfolgte durch UV-Bestrahlung, durch Einwirkung von Peroxiden (Benzoylperoxid, *tert*-Butylperoxid) oder von Azo-bis-isobuttersäuredinitril[63]. Die Reaktion verlief nach dem Schema, am Beispiel der Anlagerung von CCl_4:

Mit der Radikalanlagerung können Mischpolysaccharide hergestellt werden aus Zellulosen, die C–Si-Bindungen (6-C-Desoxy-t-trichlorsilyl-zellulose), C–P-Bindungen (5-Chlor-6-desoxy-6-dichloranhydrid der Cellulosophospinsäure) und andere Bindungen enthalten. Einige von diesen Mischpolysacchariden sind in dem folgenden Schema berücksichtigt:

Infolge der Polarisation der Doppelbindung in den elementaren Kettengliedern des Makromoleküls des 5,6-Zelluloseens reagiert dieses Zellulose-Derivat leicht nach verschiedenen Mechanismen. So gestattet es die vollständige Anlagerung von Methanol oder Essigsäure, die Synthese eines Mischpolysaccharids zu realisieren, das Kettenglieder von 5-O-Methyl- oder 5-O-Acetylisorhamnose enthält[64]:

Durch Umsetzung des 5,6-Zelluloseens mit Tributylbleihydrid wurde ein bleihaltiges Derivat der 6-Desoxyzellulose synthetisiert[65].

3.6 Synthese durch elektrophile Substituierung

Die Einführung von neuen funktionellen Gruppen durch elektrophile Substituierung ist nur anwendbar bei Zellulose-Derivaten, die im Substituenten schon eine Doppelbindung oder aromatische Kerne besitzen. Nach diesem Mechanismus verläuft die Merkurierung der Benzylzellulose, von Zelluloseestern und 4-β-Oxyethylsulfonylanilin sowie auch von Zelluloseestern und Furandicarbonsäure. Die Merkurierung von Dibenzylzellulose verläuft nach folgendem Schema:

$$\left[C_6H_7O_2(OH)\left(OCH_2-\langle\rangle\right)_2\right]_n + 2\,Hg(OCOCH_3)_2$$

$$\longrightarrow \left[C_6H_7O_2(HO)\left(OCH_2-\underset{HgO-CO-CH_3}{\langle\rangle}\right)_2\right]_n + 2n\,CH_3COOH$$

Der maximale Quecksilber-Gehalt im Produkt der Merkurierung beträgt 58%; das entspricht der Anlagerung von zwei Quecksilber-Atomen an ein elementares Kettenglied.

3.7 Reaktionsfähigkeitsuntersuchung von Zellulose und Polysacchariden

Eine interessante und theoretisch wichtige Richtung bei der Erforschung der Chemie der Polysaccharide ist das Studium des Einflusses der Unterschiede in der Struktur der Makromoleküle der Polysaccharide auf ihre Eigenschaften und auf die Reaktionsfähigkeit bei der Esterifizierung, der O-Alkylierung, der Hydrolyse und der Alkoholyse. Die Lösung dieses großen und komplizierten Problems gestattet es, die allgemeinen Gesetzmäßigkeiten festzustellen, die für alle Polysaccharide charakteristisch sind, und das spezifische Verhalten der einzelnen Vertreter dieser Klasse der nativen Polymere aufzuklären.

Wie schon bei der Untersuchung des Acetylierungsprozesses der Zellulose und des Dextrans[66] sowie der Zellulose und verschiedener Modifizierungen der Amylose[67] gezeigt wurde, wird die Veresterungsgeschwindigkeit eines Polysaccharids sowohl durch die Art der Hydroxy-Gruppen (primär oder sekundär), als auch durch ihre räumliche Stellung bestimmt. So führt im Falle der Zellulose die Rotationsisomerie der Oxymethyl-Gruppen zu einer wesentlich höheren Acetylierungsgeschwindigkeit als beim Dextran[68].

Die vergleichenden Untersuchungen bei der Acetylierung von Amylose und Zellulose zeigten einen beträchtlichen Unterschied in der Reaktionsfähigkeit für die verschiedenen Strukturmodifizierungen der Amylose[67]. So ist für die γ-Strukturmodifizierungen der Amylose eine höhere Acetylierungsgeschwindigkeit im Vergleich zur Zellulose charakteristisch, während die β-Strukturmodifizierung der Amylose eine äußerst niedrige Reaktionsfähigkeit besitzt. Die in [67] angeführten Daten zeigen den Einfluß der Unterschiede in der Konformation der Makromoleküle und der damit verbundenen räumlichen Anordnung der Hydroxy-Gruppen auf die Reaktionsfähigkeit.

Obwohl die kinetischen Parameter der Veresterungsreaktionen der Polysaccharide, die im sauren Medium ablaufen (Acetylierung, Nitrierung, Sulfatierung), sich beträchtlich unterscheiden, bleiben doch allgemeine Gesetzmäßigkeiten erhalten. So verlaufen die Nitrierung und die Sulfatierung bei der γ-Amylose mit höherer Geschwindigkeit als bei der Zellulose, dagegen bei Dextran und β-Amylose mit niedrigerer Geschwindigkeit. Bei Reaktionen mit den Hydroxiden der Alkalimetalle sowie auch bei den im alkalischen Medium verlaufenden Reaktionen der O-Alkylierung ist — wobei die Azidität der Hydroxy-Gruppen des elementaren Kettengliedes eine grundlegende Rolle spielt — für das Dextran eine höhere Reaktionsfähigkeit charakteristisch als für die Zellulose. Ein analoger Effekt wird auch bei der Amylose beobachtet, bei der die Azidität der Hydroxy-Gruppen in den elementaren Kettengliedern der Makromoleküle höher ist als bei der Zellulose. Dieser Effekt wird auch bei den Veresterungsreaktionen beobachtet, die im alkalischen Medium verlaufen. So ist bei der Sulfatierung der Amylose und der Zellulose mit Natriumsulfofluorid in wäßriger Natriumhydroxid-Lösung und bei der Xanthogenierung der Alkali-Derivate der Amylose und der Zellulose die Reaktionsfähigkeit der Amylose, unabhängig vom Typ der strukturellen Modifizierung, höher als die Reaktionsfähigkeit der Zellulose.

Systematische Untersuchungen des Einflusses der Strukturunterschiede bei den Polysacchariden auf die Geschwindigkeit ihrer sauren Hydrolyse werden in der Arbeit von Konkin und Rogowin beschrieben[69]. Der Vergleich der Hydrolysegeschwindigkeiten im homogenen und heterogenen Medium gestattete es, den Beitrag der physikalischen Struktur der Polysaccharide zu den kinetischen Charakteristika des Prozesses abzuschätzen. Das Studium der Hydrolysegeschwindigkeit der Polysaccharide von verschiedener Struktur erlaubte es dann, die Rolle des Typs und der Konfiguration der Glykosid-Bindung aufzuklären und insbesondere die höhere Hydrolysegeschwindigkeit der Amylose (eines Polysaccharids mit α-Glykosid-Bindungen zwischen den elementaren Kettengliedern des Makromoleküls) aufzuzeigen. Gleichzeitig wurde in [70] gezeigt, daß im Unterschied zur Zellulose für die Hydrolyse der Amylose zwei Stufen charakteristisch sind. In der zweiten Stufe ist die Hydrolysegeschwindigkeit viermal so hoch als am Anfang der Hydrolyse. Die Amylose hydrolysiert langsamer als die Zellulose. Das spezifische Verhalten der Amylose erklären die Autoren in [70] mit dem Einfluß der für die Amylose charakteristischen Konformation[71].

Der Einfluß der Konfiguration der Substituenten und der Konformation des elementaren Kettengliedes auf die Eigenschaften der Polysaccharide wird besonders deutlich beim Vergleich der Eigenschaften der Zellulose mit Mischpolysacchariden, die elementare Glucose-Kettenglieder enthalten.

Wie in [72,73] gezeigt wird, führt das Vorliegen von Altropyranose-Kettengliedern im Makromolekül eines Mischpolysaccharids zu einer krassen Erniedrigung seiner Acetylierungsgeschwindigkeit im Vergleich zur Zellulose, $K = 2{,}7 \cdot 10^{-4}$ s^{-1} für die Zellulose und $0{,}3 \cdot 10^{-4}$ s^{-1} für das Mischpolysaccharid, das 42% Altrose-Kettenglieder enthält. Bei der Acetylierung des Mischpolysaccharids mit präventiver Aktivierung wird eine analoge, jedoch weniger stark ausgedrückte Abhängigkeit beobachtet. Die Unterschiede in den Veresterungsgeschwindigkeiten lassen sich mit der Änderung der Konformation des Kettengliedes durch Übergang der sekundären Hydroxy-Gruppen aus der äquatorialen Stellung in die axiale Stellung erklären. Bei dem Mischpolysaccharid, das Kettenglieder der 3,6-Anhydroglucose enthält, ist die Zahl der primären Hydroxy-Gruppen, die bei den Veresterungsreaktionen am reaktionsfähigsten sind, offensichtlich geringer.

Die Unterschiede in der Konfiguration der Hydroxy-Gruppen in den Kettengliedern der Glucose und Altrose bedingen eine Herabsetzung des Substitutionsgrades der Alkali-Derivate. Dies läßt sich durch die Verminderung der Azidität der sekundären Hydroxy-Gruppen an C2 erklären.

Beim Studium des Einflusses der Konfiguration der Substituenten sowie der Struktur des elementaren Kettengliedes und seiner Konformation auf die Stabilität der Glykosidbindung zeigte sich[74,75], daß sich beim Vorliegen von Kettengliedern der Altrose und der 3,6-Anhydroglucose in den Makromolekülen der Mischpolysaccharide die Hydrolysegeschwindigkeit dieser Polysaccharide im Vergleich zur Hydrolyse der Zellulose erhöht.

Die Änderungen des Monosaccharid-Gehaltes beim Übergang zu den Mischpolysacchariden führen zu einer Änderung der Struktur im Vergleich zur Zellulose. Der Grad des Ordnungszustandes wird herabgesetzt und es vermindert sich die Intensität der intermolekularen Wechselwirkung, darüber geben die Daten der IR-Spektroskopie Aufschluß. Die sorbierte Feuchtigkeit und das sorbierte Iod sowie die Quellungswärme in Wasser werden reduziert[76].

Wie bekannt, bildet Zellulose in Kupferammoniak-Lösung, Kadoxen usw. Komplexe mit den sekundären Hydroxy-Gruppen. Deswegen ruft die Umwandlung der Glukopyranose-

Kettenglieder in Altrose-Kettenglieder, die zu einer Erhöhung des Abstandes zwischen den Sauerstoff-Atomen und der α-Glykol-Gruppierung führt (oder Fehlen dieser Gruppierung in den Kettengliedern der 3,6-Anhydroglucose), eine starke Erniedrigung der Löslichkeit der Mischpolysaccharide hervor. (Die unlösliche Fraktion beträgt in Abhängigkeit vom Monosaccharid-Gehalt 55 bis 100%.) Eine Verschlechterung der Löslichkeit wird auch bei den Estern der Mischpolysaccharide (Nitrat, Acetat) im Vergleich mit den entsprechenden Zelluloseestern beobachtet.

Die Bildung von Anhydrocyclen bei der alkalischen Verseifung partiell substituierter Zelluloseester mit nachfolgender Aufspaltung diese Cyclen unter Bildung der entsprechenden Heteropolysaccharide, die andere Kettenglieder außer Glukopyranose enthalten, hat nicht nur großes wissenschaftliches, sondern auch praktisches Interesse. Mit der Bildung von ähnlichen Mischpolysacchariden können in einer Reihe von Fällen auch solche Phänomene erklärt werden, wie die Erniedrigung der Löslichkeit und anomale Eigenschaften der Lösungen, das Vorliegen von *schwachen,* der Einwirkung von Säuren gegenüber wenig beständigen Bindungen in den Makromolekülen, die verschiedene Intensität der intermolekularen Wechselwirkung in Zellulose-Präparaten, besonders solchen von regenerierter Zellulose, usw.[77].

Hier muß auch darauf hingewiesen werden, daß die Abhängigkeit der Reaktionsfähigkeit der Polysaccharide vom Konformationstyp des elementaren Kettengliedes nicht nur bei den Reaktionen der *klassischen* Chemie der Polysaccharide beobachtet wird, sondern auch bei der Synthese von Pfropfcopolymeren, s. Kap. 2. So lassen sich für die Initiierung der Pfropfpolymerisation durch Metallionen wechselnder Valenz — Cer(IV), Mangan(II), Vanadium(V) — die Polysaccharide nach ihrer Oxidationsgeschwindigkeit folgendermaßen ordnen:

Dextran > Zellulose > γ-Amylose[78].

Somit ist die höchste Oxidationsgeschwindigkeit für Polysaccharide mit der Konformation C1 charakteristisch (Dextran, Zellulose). Dabei übertrifft die Oxidationsgeschwindigkeit der Hydratzellulose im heterogenen Medium die Geschwindigkeit des Oxidationsprozesses der γ-Amylose, die in Lösung stattfindet. Die Geschwindigkeit der Pfropfpolymerisation selbst hängt dagegen praktisch nicht vom Konformationstyp des elementaren Kettengliedes ab. Sie wird in der Hauptsache von der Intensität der intermolekularen Wechselwirkung in den Polysacchariden bestimmt[79].

Kapitel 2
Chemische Modifizierung der Zellulose durch Block- und Pfropfpolymerisation

Die Herstellung von Block- und insbesondere von Pfropfcopolymeren der Zellulose ist von beträchtlichem praktischen Interesse für die Herstellung von Zellulose-Erzeugnissen mit neuen wertvollen Eigenschaften.

1. Synthese von Blockcopolymeren

Wie bekannt, werden die Blockcopolymeren hauptsächlich auf drei Wegen hergestellt:
1. durch Umsetzung der Makromoleküle zweier oder einiger Polymere (oder eines Polymeren mit einem bifunktionellen Monomeren), die funktionelle Endgruppen besitzen, jedoch keine funktionellen Gruppen in der Polymerkette haben;
2. durch Umsetzung von Makromolekülen von Polymeren mit reaktionsfähigen funktionellen Endgruppen mit niedermolekularen bifunktionellen Verbindungen;
3. durch Initiierung der Polymerisation eines Monomers durch Makroradikale oder durch Umsetzung dieser Makroradikale bei der Rekombinationsreaktion mit Makroradikalen eines anderen Polymeren[80].

Die beiden ersten Methoden können nicht für die Synthese von Blockcopolymeren der Zellulose angewendet werden, weil sich die in die Copolymerisationsreaktion (oder Copolykondensationsreaktion) eingreifenden Aldehyd-Gruppen nicht nur am ersten Kohlenstoff-Atom des endständigen Kettengliedes des Zellulose-Makromoleküls befinden. Aldehyd-Gruppen werden auch bei der Oxidation von Hydroxy-Gruppen nichtendständiger Kettenglieder gebildet. Dies führt zu einem Gemisch aus Block- und Pfropfcopolymeren.

Die Synthese von Blockcopolymeren, die auf mechanisch-chemischem Abbau des Polymers beruht, mit dem Ziel, Makroradikale zu bilden, ist bei Zellulose-Materialien nicht anwendbar, da sie zu schlechteren physikalischen Eigenschaften führt. Möglicherweise läßt sie sich in einem bestimmten Grade für die chemische Modifizierung von Zellulose-Massen nutzen, die für die Papierfabrikation bestimmt sind. Dabei ist jedoch zu berücksichtigen, daß die Makroradikalen, die sich beim Vermahlen dieser Massen bilden, in wäßrigem Medium wenig beständig sind und rasch desaktiviert werden. Außerdem ist bei dem mechanisch-chemischen Abbau nicht nur eine Aufspaltung der Acetal-Bindungen zwischen den elementaren Kettengliedern der Makromoleküle möglich, sondern auch ein Abriß der Wasserstoff-Atome von den Hydroxy-Gruppen. Dies führt zum Auftreten von Radikalen in der Kette selbst und dementsprechend zur Bildung von gepfropften Zellulose-Copolymeren. Aber auch im Falle von Makroradikalen am Kettenende wird immer ein Gemisch von verschiedenen Produkten erhalten (Homopolymere von verschiedener Molekülmasse und Blockcopolymere). Die Steuerung der Zusammensetzung von solchen Gemischen macht große Schwierigkeiten und hat sich in einer Reihe von Fällen als praktisch unmöglich erwiesen.

Die Synthese von Blockcopolymeren kann also nicht als aussichtsreich für die gezielte chemische Modifizierung der Zellulose und ihrer Derivate angesehen werden. Dieser Schluß wird auch dadurch bestätigt, daß in den letzten zehn Jahren nicht eine bedeutende Arbeit erschien, die sich mit der chemischen Modifizierung der Zellulose und ihrer Derivate durch Blockpolymerisation befaßt hat.

2. Synthese von Pfropfcopolymeren

Die Synthese von Pfropfcopolymeren hat inzwischen vielfache Anwendung gefunden. Sie ist eine der aussichtsreichsten Methoden zur chemischen Modifizierung von Polymeren überhaupt und Zellulose im besonderen. In den meisten Laboratorien, die sich mit der chemischen Modifizierung von Polymeren beschäftigen, wurde und wird weiterhin die Pfropfpolymerisation studiert. — Die spezifische Besonderheit der Zellulose im Vergleich zu vielen anderen Polymeren ist das Vorhandensein ihrer Hydroxy-Gruppen. Sie lassen sich für die Bildung von Makroradikalen und damit auch für die Initiierung der Pfropfpolymerisation einsetzen.

Für die Synthese von Pfropfcopolymeren der Zellulose können alle Methoden angewendet werden, die auch für die Synthese anderer Polymere eingesetzt werden: Polykondensation, Umwandlung von Ringen in lineare Polymere und Kettenpolymerisation.

Bei dem gegenwärtigen Stand der Forschung läßt sich als anwendbar und aussichtsreich vorzugsweise die Methode der Radikalpolymerisation ansehen. Dies erklärt auch, warum die anderen Methoden der Synthese von Pfropfcopolymeren der Zellulose weniger systematisch und zielstrebig untersucht werden.

2.1 Synthese durch Polykondensation

Durch Polykondensation wurden bereits Pfropfcopolymere von Polysacchariden mit Polyamiden synthetisiert. — Wenn es gelänge, die spezifischen Eigenschaften der Zellulose und der Polyamide zu kombinieren, würden solche Fasern nicht nur ein beträchtliches wissenschaftliches, sondern auch großes praktisches Interesse finden. Leider gibt es aber dafür z.Z. noch keine geeignete Methode.

Die Versuche, Pfropfcopolymere von nichtmodifizierter Zellulose durch Polykondensation zu synthetisieren, führten bisher nicht zu positiven Ergebnissen. Die vorhandenen Veröffentlichungen beziehen sich auf die Synthese von Pfropfcopolymeren einiger Derivate (Ester) der Zellulose. So wurde ein Pfropfcopolymer von Carboxymethylzellulose und Polyönanthoamid durch Reaktion des Methylesters der Carboxymethylzellulose mit dem Methylester der Aminoönanthsäure[81] hergestellt:

$$\text{Zellulose}-O-CH_2-COOCH_3 + n\ H_2N-(CH_2)_6-COOCH_3$$
$$\longrightarrow \text{Zellulose}-O-CH_2-CO-[HN-(CH_2)_6-CO]_n-OCH_3 + n\ CH_3OH$$

Bei erhöhter Temperatur finden gleichzeitig die Homopolykondensation des Aminoönanthsäuremethylesters — der Ester der Aminosäure tritt in die Polykondensationsreaktion leichter ein als die freien Aminosäuren — und die Bildung des Zellulose-Pfropfcopolymeren statt. Der mittlere Polymerisationsgrad der gepfropften Polyamidkette ist sehr klein.

2.2 Synthese durch Kondensationsreaktion

Alle Methoden zur Synthese von Pfropfcopolymeren durch Polymerisation oder Polykondensation haben Probleme. Sie liegen in der Schwierigkeit, die Kettenlänge des zu pfropfenden Polymeren zu regulieren und in der beträchtlichen Polydispersität der gepfropften

Ketten. Die Herstellung von Zellulose-Pfropfcopolymeren mit bestimmter, vorgegebener Länge der Seitenketten ist jedoch von besonderem Interesse. Sie läßt sich realisieren durch Anwendung der Kondensationsreaktion, d.h. durch Umsetzung der reaktionsfähigen Gruppe des Zellulose-Makromoleküls mit der funktionellen Gruppe, die sich am Ende des Moleküls eines synthetischen Polymeren oder eines Oligomeren mit bestimmtem Polymerisationsgrad befindet. Diese Reaktion wurde von Rogowin, Kraschew und Wolgina[82] durch Umsetzung von Alkalizellulose oder Zelluloseester, der eine aliphatische Amino-Gruppe enthält (β-Aminoethylzellulose), mit einem Oligomeren der Acrylsäure realisiert:

$$\text{Zellulose}-O-CH_2-CH_2-NH_2 + Cl-\underset{COOH}{CH}-CH_2-\left[-\underset{COOH}{CH}-CH_2-\right]_{n-1}-R$$

$$\longrightarrow \text{Zellulose}-O-CH_2-CH_2-NH-\left[-\underset{COOH}{CH}-CH_2-\right]_n-R + HCl$$

Die Kondensation wurde in wäßrigem Medium durchgeführt. Für die Reaktion wurden Oligomere der Acrylsäure mit einem Polymerisationsgrad von 7 bis 20 eingesetzt, die durch Telomerisation hergestellt worden waren, d.h. Polymerisation von Acrylsäure in Gegenwart von großen Mengen Chlorwasserstoff mit Benzoylperoxid als Initiator. Diese Oligomeren haben am Ende des Moleküls ein reaktionsfähiges Chlor-Atom in α-Stellung zur Carboxy-Gruppe. Der mittlere Polymerisationsgrad der gepfropften Polyacrylsäure-Kette beträgt 13 bis 15.

Die Kondensationsreaktion verläuft langsam. In sie tritt eine verhältnismäßig kleine Zahl von reaktionsfähigen Gruppen der modifizierten Zellulose ein. Dies begrenzt die Möglichkeit ihrer praktischen Anwendung. Das Ergebnis läßt sich durch die Größe der Oligomer-Moleküle erklären, die die Diffusion in das Zellulose-Material erschwert. Die Reaktion wird im heterogenen Medium durchgeführt.

Großes Interesse besitzt die Herstellung eines gepfropften Copolymeren, das Pfropfketten von einer bestimmten Länge besitzt, durch die Kondensationsreaktion. Daß eine solche Reaktion möglich ist, wurde vor einigen Jahren[83] am Beispiel der Umsetzung eines Acrylnitril-Copolymeren, das funktionelle Gruppen mit beweglichem Wasserstoff-Atom besitzt (Itakonsäure), mit Makrodiisocyanat, das auf der Basis von Oligomeren des Polyethylenoxids mit einem bestimmten Polymerisationsgrad hergestellt worden war, gezeigt. Diese Reaktion kann auch für sekundäres Zelluloseacetat angewendet werden, das eine bestimmte Menge freier Hydroxy-Gruppen besitzt:

$$\text{Zellulose}\begin{cases} O-CO-CH_3 \\ O-CO-CH_3 \\ OH \end{cases} \xrightarrow{O-CNR-(O-CH_2-CH_2)_x-O-RN-CO}$$

$$\text{Zellulose}\begin{cases} O-CO-CH_3 \\ O-CO-CH_3 \\ O-\underset{\underset{O}{\|}}{C}-NH-R(O-CH_2-CH_2)_x-O-RN-CO \end{cases}$$

Wenn die Molekülmasse des Polyethylenoxids, oder eines anderen Polymers, das mit dem Diisocyanat, speziell mit dem 4,4-Diphenylmethandiisocyanat, unter Bildung von Makrodiisocyanat reagiert, verändert wird, dann ändert sich auch die Molekülmasse der gepfropften Kette.

Diese Reaktion, die sich in der Lösung von sekundärem Zelluloseacetat realisieren läßt, ist von praktischem Interesse für die Herstellung von Fasern oder Folien aus Zelluloseacetat. Solche Fasern und Folien haben ein besseres Eigenschaftsprofil, insbesondere eine beträchtlich erhöhte Scheuerfestigkeit.

Eine eigentümliche Variante der Kondensationsreaktion ist die Umsetzung (Kondensation oder Salzbildung) der reaktionsfähigen Gruppen, die in die elementaren Kettenglieder der Makromoleküle der beiden Polymere eintreten. Nach diesem Schema wird die Synthese der sogenannten *Sandwich-Copolymere* durch Umsetzung von Polyvinylchlorid mit Methylvinylpyridin-Kautschuk realisiert[84]. Auf dem gleichen Prinzip basiert die Synthese des Pfropfcopolymeren aus Zellulose und Polymethylvinylpyridin. Es entsteht durch Umsetzung der reaktionsfähigen Gruppen – Aldehyd-, Tosyloxy-Gruppen, Halogene – der Zellulose-Derivate mit den Methyl-Gruppen[85]:

$$\text{Zellulose}-\underset{H}{\overset{O}{C}} + H_3C-\underset{\underset{CH_2}{|}}{\overset{H_3C\ \ ^-O-SO_3-CH_3}{\underset{|}{N^+}}}CH \longrightarrow \text{Zellulose}-\underset{OH}{CH}-CH_2-\underset{\underset{CH_2}{|}}{\overset{H_3C\ \ ^-O-SO_3-CH_3}{\underset{|}{N^+}}}CH$$

Nach einem analogen Schema realisierte schon früher Michel die Kondensation von Aziden von niedrigsubstituierter Carboxymethylzellulose und Eiweißen:

$$\text{Zellulose}-O-CH_2-\underset{O}{\overset{}{\underset{\|}{C}}}-N_3 + H_2N-R-\underset{\underset{\underset{\underset{CO}{|}}{R-CH}}{\underset{NH}{|}}}{\underset{CO}{\overset{NH}{|}}}CH \longrightarrow \text{Zellulose}-O-CH_2-\underset{O}{\overset{}{\underset{\|}{C}}}-NH-R-\underset{\underset{\underset{\underset{CO}{|}}{R-CH}}{\underset{NH}{|}}}{\underset{CO}{\overset{NH}{|}}}CH$$

Die praktische Anwendung dieser Reaktionen wird durch die Kompliziertheit der erforderlichen Apparate und durch die Notwendigkeit, präventiv neue Typen von reaktionsfähigen Gruppen in das Makromolekül der modifizierten Zellulose einzuführen, erschwert.

Ein beträchtlich aussichtsreicheres Verfahren zur Synthese von Sandwich-Copolymeren der Zellulose stellt die Methode der Einzelteile-Amidomethylierung dar, die auf S. 57 beschrieben ist. Bei der Anwendung dieser Methode reagiert mit dem Zellulose-Makromolekül das Copolymere, das funktionelle Gruppen enthält. Diese verleihen der modifizierten Zellulose die erforderlichen Eigenschaften. Die Reaktion verläuft wie folgt:

$$\text{Zellulose}-OH + \sim CH_2-\underset{\underset{CH_2OH}{\underset{|}{CO-NH}}}{CH}-CH_2-\underset{COOCH_2-R}{CH}-CH_2 \sim$$

$$\longrightarrow \text{Zellulose}-O-CH_2-NH-CO\underset{\sim CH_2-CH-CH_2-\underset{COOCH_2-R}{\underset{|}{CH}}-CH_2\sim}{|}$$

Das Vorhandensein von einigen Methylol-Gruppen im Copolymer oder Oligomer, das für die Wechselwirkung mit der Zellulose benutzt wird, gewährleistet die Bildung von Sandwich-Copolymeren aus Zellulose und dem synthetischen Polymer. Es bildet sich in der Regel eine vernetzte Struktur, da Methylol-Gruppen mit Hydroxy-Gruppen der Zellulose reagieren.

Die Eigenschaften der modifizierten Erzeugnisse, die durch Pfropfcopolymerisation bzw. durch Bildung von Sandwich-Polymeren hergestellt werden, sind in etwa gleich, wenn sie die gleichen funktionellen Gruppen besitzen. In gewissen Fällen hat die Amidomethylierung, bei der keine Nebenprodukte (Homopolymere) gebildet werden, Vorteile gegenüber der Pfropfpolymerisation.

2.3 Synthese durch Umsetzung mit heterocyclischen Verbindungen

Wie bekannt, wird bei der Umsetzung von Zellulose mit gespannten dreigliedrigen heterocyclischen Verbindungen in Gegenwart von basischen Katalysatoren zusammen mit Estern eine gewisse Menge Zellulose-Pfropfcopolymere gebildet. Methoden zur Steuerung dieser Reaktion, insbesondere des Verhältnisses zwischen der Menge des gebildeten Pfropfcopolymeren und des Zelluloseesters sind bis jetzt noch nicht bekannt. Es wurden bisher auch noch keine Verfahren zur Änderung der Länge der Pfropfketten gefunden.

Die Anwendung dieser Reaktion für die Synthese von Pfropfcopolymeren aus Zellulose und Polycaproamid ist aber von Interesse. Sie wurde von Rogowin und U Shun-shuj[86] realisiert. Dabei verwendeten die Autoren eine Methode, die von Sebenda und Kraliček[87] ausgearbeitet worden ist. Tschechische Forscher zeigten die Möglichkeit der Polymerisation eines siebengliedrigen Lactams (des Caprolactams) bei Temperaturen auf, die beträchtlich unter den üblichen liegen, 80 bis 100 °C anstelle von 240 bis 260 °C. Dazu setzten sie als Katalysator ein Gemisch aus Base und Säureamid ein, z.B. N-Acetylcaprolactam. Mit dieser Methode synthetisierten Sebenda und Kraliček Pfropfcopolymere aus Polyacrylsäure und Polycaproamid[88]. Rogowin und U Shun-shuj stellten Pfropfcopolymere aus Carboxymethylzellulose und Polycaproamid her. Ferner wurde durch Umsetzung von Carboxymethylzellulose-chloranhydrid mit einer Lösung von Natrium-Caprolactam in N-Methylcaprolactam das Imid von Carboxymethylzellulose und Caprolactam synthetisiert:

$$\text{Zellulose}-O-CH_2-COCl \;+\; NaN(CH_2)_5-CO$$

$$\longrightarrow \text{Zellulose}-O-CH_2-CO-N(CH_2)_5-CO \;+\; NaCl$$

Da die aktiven Zentren eines der Katalysatoren der Caprolactampolymerisation (das Imid von Caprolactam und Carboxymethylzellulose) in die Zusammensetzung des Makromoleküls des Zellulose-Derivats eingehen, verläuft die Polymerisation des Lactams an der Zellulose-Kette; d.h., es tritt ein Pfropfprozeß ein:

$$\text{Zellulose}-O-CH_2-CO-N(CH_2)_5-CO$$

$$\xrightarrow{n\,HN(CH_2)_5-CO;\; NaN(CH_2)_5-CO} \text{Zellulose}-O-CH_2-CO-[NH(CH_2)_5-CO]_n\, N(CH_2)_5-CO$$

Der mittlere Polymerisationsgrad des Polycaproamids betrug in den Seitenketten 4,8 bis 8,4. Dieser Wert ist zweifellos zu niedrig, weil die Autoren bei der Berechnung annahmen, daß alle Imid-Gruppen, die in den Zelluloseester eintreten, an der Bildung der Seitenketten teilnehmen. Eine solche Vorstellung entspricht wohl nicht der Wirklichkeit.

Bei der Polymerisation von Caprolactam findet unter den beschriebenen Bedingungen keine Homopolymerbildung statt. Dies ist ein wesentlicher Vorzug dieser Methode. Der Realisierung des Verfahrens, d.h. präventive Einführung von Carboxy-Gruppen in das Zellulose-Makromolekül, die Bildung des Chloranhydrids, wie auch des Imids des carboxyhaltigen Zellulose-Derivats, wobei in absoluten organischen Lösungsmitteln gearbeitet werden muß, stehen große praktische Schwierigkeiten entgegen.

2.4 Synthese durch Kettenpolymerisation

Die Kettenpolymerisation ist eine der weitverbreitetsten Methoden zur Synthese von makromolekularen Verbindungen. In Abhängigkeit vom Charakter der aktiven Zentren, die beim Reaktionsprozeß gebildet werden, wird sie unterteilt in Ionen- und Radikalpolymerisation.

Die Ionenpolymerisation, die in den letzten Jahren zur Herstellung verschiedener Typen von synthetischen Polymeren große Bedeutung gewonnen hat, wurde bis jetzt praktisch nicht zur Synthese von Pfropfcopolymeren der Zellulose angewendet. Es gibt nur wenige Mitteilungen[89] über die Herstellung von Pfropfcopolymeren durch Umsetzung von Zellulosealkoholat (oder Alkalizellulose) mit verschiedenen Monomeren. Die Reaktion verläuft nach dem Schema:

$$\text{Zellulose}-O^-Na^+ + CH_2=CH(CN) \longrightarrow \text{Zellulose}-O-CH_2-CH^-Na^+(CN)$$

$$\text{Zellulose}-O-CH_2-CH^-Na^+(CN) + nCH_2=CH(CN)$$

$$\longrightarrow \text{Zellulose}-O-(CH_2-CH(CN))_n-CH_2-CH^-Na^+(CN)$$

Die Methode wurde jedoch praktisch nicht angewendet, weil die Reaktion im wasserfreien, organischen Lösungsmittel durchgeführt werden muß.

Bei der Ionenpolymerisation sind die auf die Zellulose gepfropften Ketten weitaus kürzer als beim Pfropfen des gleichen Monomers durch Radikalpolymerisation[90].

Die Radikal-Pfropfcopolymerisation muß gegenwärtig als eine der aussichtsreichsten Methoden angesehen werden. Mit der Synthese von Pfropfcopolymeren der Zellulose nach diesem Verfahren befassen sich zahlreiche Arbeiten[91].

Bei der Erarbeitung einer Synthesemethode für Zellulose-Pfropfcopolymere durch Radikalpolymerisation müssen folgende Untersuchungen durchgeführt werden:

— Auswahl eines optimalen Verfahrens für die Initiierung der Pfropfpolymerisationsreaktion;
— Methoden für die Regulierung der Zusammensetzung der herzustellenden Copolymeren ausarbeiten; speziell für die Regulierung des Verhältnisses zwischen dem Pfropfcopolymeren und den Homopolymeren sowie für die Länge der Pfropfketten;
— die Topochemie des Pfropfprozesses erforschen und aufklären, d.h. ermitteln, ob sich die Pfropfung an der Oberfläche der Fasern oder in den Fasern abspielt, also auf molekularem oder supramolekularem Niveau;
— die Technologie und Apparatur für den Pfropfprozeß festlegen.

Bei der Ausarbeitung der Synthesemethoden für die Zellulose-Pfropfcopolymerisation ist zu berücksichtigen, ob die Verarbeitung des Copolymers zu Fasern, Folien oder anderen Erzeugnissen aus der Lösung oder erst an fertigen Zellulose-Materialien erfolgen soll (Fasern, Folien, Geweben oder Papieren). Wenn die Pfropfung an einem Zellulose-Präparat oder an einem Zellulose-Derivat erfolgt, das für eine nachfolgende chemische Umarbeitung vorgesehen ist, dann stellt die Bildung von Homopolymer keinen wesentlichen Nachteil dar. Wenn sich das Pfropfcopolymer in den gleichen Lösungsmitteln löst wie auch das Ausgangspolymer und das gebildete Homopolymer, dann kann das erhaltene Polymergemisch für die Faserverspinnung benutzt werden. Die Verträglichkeit von zwei Homopolymeren ist in der Mehrzahl der Fälle dank der Anwesenheit des gepfropften Copolymers, das aus den beiden Polymertypen besteht, gegeben. Bei der Verformung von Fasern oder Folien aus der Lösung des Polymergemischs, das das Pfropfcopolymere enthält, nimmt das letztere an der Bildung der Supramolekular-Struktur teil. Deshalb verschlechtert sich in der Regel das mechanische Eigenschaftsprofil der Fasern oder Folien nicht; verglichen mit den analogen Fasern, die aus Homopolymeren erhalten werden.

Die Verwendung von Zellulose-Pfropfcopolymeren und ihrer Derivate zur Verspinnung zu Fasern aus Lösungen ist sehr begrenzt. Die Zellulose-Pfropfcopolymeren, die 30 bis 50% gepfropfte Substanz enthalten (bezogen auf die Masse der Zellulose), sind in der Mehrzahl der Fälle nicht in Lösungsmitteln löslich, in denen sich die Zellulose löst*. Die Löslichkeit von Zellulose-Pfropfcopolymeren in Lösungsmitteln, in denen sich das zu pfropfende Polymer löst, wird bei einer Pfropfung von 250 bis 300% des synthetischen Polymers auf die Zellulose erreicht. Ein solches Produkt, das nur insgesamt 20 bis 30% Zellulose enthält (bezogen auf die Masse des Pfropfcopolymers), stellt jedoch schon keine modifizierte Zellulose mehr dar, sondern eher ein synthetisches Polymer, das durch Anlagerung von verhältnismäßig kleinen Mengen Zellulose modifiziert ist.

Die chemische Modifizierung von nativen Zellulose-Fasern durch Pfropfcopolymere kann nur an Fasern oder Geweben durchgeführt werden. Unter diesen Bedingungen ist die Bildung von synthetischem Homopolymer beim Pfropfprozeß äußerst unerwünscht, weil sie zu einer beträchtlichen Erhöhung des Monomerverbrauches und zu einer Komplizierung der Technologie führt; es ist nämlich erforderlich, das Homopolymer mit organischen Lösungsmitteln zu extrahieren. Deshalb ist die Ausarbeitung von Verfahren für die Synthese von Zellulose-Pfropfcopolymeren durch Radikalpolymerisation ohne Bildung von merklichen Mengen Homopolymer eine zwingende Bedingung für ihre praktische Anwendung. Eine weitere Forderung der Praxis[92] ist die Realisierung des Pfropfprozesses in Abwesenheit von organischen Lösungsmitteln und unter Bedingungen, unter denen kein gefährlicher Abbau der Zellulose oder ihrer Derivate stattfindet. Der Abbau würde zur Verschlechterung der mechanischen Eigenschaften der hergestellten Produkte führen.

2.5 Initiierungsmethoden der Pfropfpolymerisation

Die bedeutungsvollsten Verfahren zur Bildung von Radikalen im Zellulose-Makromolekül sind:
— Kettenübertragung;
— Bestrahlung mit Teilchen von hoher und niederer Energie;
— präventive Einführung von Gruppen in das Zellulose-Makromolekül, die unter Bildung von Radikalen zerfallen;
— Bildung von Redoxsystemen, bei denen das Zellulose-Makromolekül die Rolle des Reduktionsmittels spielt.

---

* In einzelnen Fällen gelingt es, ein Gemisch von Zelluloseacetat, Zelluloseacetat-Pfropfcopolymer mit einem synthetischen Polymer und von Homopolymer aus einem gemeinsamen Lösungsmittel zu verspinnen.

Die Initiierung der Pfropfpolymerisation durch Kettenübertragung läßt sich durch die Übertragung eines ungepaarten Elektrons vom Makroradikal, das im System bei der Polymerisation des Monomers gebildet wird, auf die Zellulose oder deren Derivat realisieren. Bei der Umsetzung des wachsenden Makroradikals des synthetischen Polymers mit der Zellulose führt der Abbruch der wachsenden Polymerkette zur Bildung des Zellulose-Makroradikals. In diesem Falle wird zusammen mit dem Homopolymer das Pfropfcopolymere gebildet. So wurden zum Beispiel die Pfropfcopolymere von Zelluloseacetaten mit verschiedenen Vinylmonomeren synthetisiert.

Der Hauptmangel dieser Methode ist die Bildung einer beträchtlichen Menge Homopolymer. Die Synthese des Pfropfcopolymeren ist eigentlich nur die Nebenreaktion, für die eine verhältnismäßig geringe Menge Monomer verbraucht wird. Eine Methode, bei der die Menge des gebildeten Homopolymers den Monomerverbrauch für die Pfropfpolymerisation um das 4- bis 5fache übersteigt, ist aber nur dann brauchbar, wenn für das zu erzeugende Produkt das Gemisch aus Homopolymer und Pfropfcopolymer geeignet ist. Für die chemische Modifizierung von fertigen Zellulose-Materialien ist diese Methode nicht brauchbar.

Zur Verbesserung des Kettenübertragungseffektes auf das Zellulose-Makromolekül werden funktionelle Gruppen eingebaut, die eine hohe Reaktionsfähigkeit bei der Einwirkung von Radikalen besitzen, insbesondere sind dies Sulfhydryl-Gruppen[93]. Nach Angaben von Hermans und Ray-Choudhury[94] erhöhen diese Gruppen im Zellulose-Molekül die Kettenübertragung auf die Zellulose um das 4- bis 5fache. Die Sulfhydryl-Gruppen wurden in das Zellulose-Molekül durch Behandlung mit Ethylensulfid eingeführt. Wegen der hohen Toxizität des Ethylensulfids und der Kompliziertheit der Reaktion ist ihre praktische Anwendung äußerst schwierig.

Eine annehmbarere Methode zur Bildung von Zellulose-Makroradikalen – die Übertragung der Kette vom Radikal des Initiators auf die Zellulose – wurde schon 1951 vorgeschlagen[95]. Offensichtlich war dies die erste Synthese von Zellulose-Pfropfcopolymeren, obwohl die Autoren den Mechanismus des Prozesses nicht richtig erklären konnten und das Reaktionsprodukt nicht als Zellulose-Pfropfcopolymer ansahen. In der Folge wurde die Methode detailliert von Bridgeford[96] sowie auch von sowjetischen Forschern[97] ausgearbeitet.

Das Prinzip der Methode besteht in der Anwendung eines initiierenden Redoxsystems, dessen Komponenten miteinander unter Bildung eines Initiator-Radikals reagieren. Bei Wechselwirkung dieses Radikals mit Zellulose bildet sich ein Zellulose-Makroradikal, das die Synthese von Pfropfcopolymeren ermöglicht. Eines der gebräuchlichsten Redoxsysteme ist $Fe^{2+} + H_2O_2$. Das Zellulose-Makroradikal wird offensichtlich nach dem Schema gebildet:

$$Fe^{2+} + H_2O_2 \longrightarrow Fe^{3+} + OH^- + \dot{O}H$$

$$Zellulose-H + \dot{O}H \longrightarrow Zellulose\cdot + H_2O$$

Die Reaktionsbedingungen beeinflussen die Menge Homopolymer, die sich zusammen mit dem Zellulose-Pfropfcopolymer bildet. So wird zum Beispiel die Pfropfpolymerisation von der Bildung einer beträchtlichen Menge Homopolymer begleitet[98], wenn das Zellulose-Material in die wäßrige Lösung des Monomers, die Wasserstoffperoxid und ein zweiwertiges Eisen-Salz enthält, eingebracht wird. In diesem Fall übersteigt der Verbrauch an Monomer für die Homopolymerisation den Monomerverbrauch für die Zellulose-Pfropfung um das 6- bis 7fache. Wenn indessen die Eisen(II)-Ionen fest mit den Zellulose-Makromolekülen verknüpft sind, z.B. durch Salzbindung mit den Carboxy-Gruppen, die in einer geringen Menge in den Makromolekülen der nativen Zellulose und insbesondere der Hydratzellulose vorhanden sind, dann ist die Möglichkeit des Übergangs der entsprechenden Hydroxy-Radikale weniger wahrscheinlich, und es bildet sich wesentlich weniger Homopolymer. In der Regel wird mit dieser Methode bei der Synthese einer großen Zahl von Zellulose-Pfropfcopolymeren kein Homopolymer gebildet. Die geringen Mengen Homopolymer, die im Inneren der Faser vorhanden sind und aus ihr mechanisch nicht entfernt werden können, verschlechtern die Verarbeitungsbedingungen der Faser und die Gebrauchseigenschaften der hergestellten Erzeugnisse nicht. — Die Synthese von Zellulose-Pfropfcopolymer nach dieser Methode verläuft nach folgendem Schema[99]:

1. Bindung von Eisen(II)-Ionen an die Carboxy-Gruppen, die sich im Makromolekül der Zellulose befinden:

$$\text{Zellulose-C(=O)-OH} + [\text{Fe(OH)}]^+ \longrightarrow \text{Zellulose-C(=O)-O-[Fe(OH)]} + H^+$$

2. Initiierung:

$$Fe^{2+} + H_2O_2 \longrightarrow Fe^{3+} + OH^- + \dot{O}H$$

$$\text{Zellulose-H} + \dot{O}H \longrightarrow \text{Zellulose} \cdot + H_2O$$

$$\text{Zellulose} \cdot + CH_2=CH(R) \longrightarrow \text{Zellulose}-CH_2-\dot{C}H(R)$$

3. Wachstum der Kette:

$$\text{Zellulose}-CH_2-\dot{C}H(R) + n[CH_2=CH(R)] \longrightarrow \text{Zellulose}-[CH_2-CH(R)]_n-CH_2-\dot{C}H(R)$$

4. Kettenabbruch:

$$\text{Zellulose}-[CH_2-CH(R)]_n-CH_2-\dot{C}H(R) + \dot{O}H$$

$$\downarrow$$

$$\text{Zellulose}-[CH_2-CH(R)]_n-CH_2-CHOH(R) \qquad \text{Zellulose}-[CH_2-CH(R)]_n-CH=CH-R + H_2O$$

Der Kettenabbruch erfolgt hauptsächlich bei der Umsetzung der wachsenden Kette mit dem Radikal ȮH, das beim Zerfall des Wasserstoffperoxids entsteht. Deshalb wird mit der Erhöhung der Wasserstoffperoxid-Konzentration im System die Menge an Pfropfcopolymer herabgesetzt. Die experimentellen Daten[99], die diese Überlegung bestätigen, zeigt das Beispiel der Synthese von Zellulose-Pfropfcopolymer mit Polyacrylnitril (Abb. 2.1).

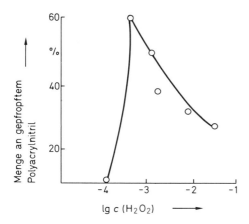

Abb. 2.1 Einfluß der H_2O_2-Konzentration auf die Menge des gepfropften Polyacrylnitrils, in % von der Masse der Zellulose

Die beschriebene Methode für die Synthese von Pfropfcopolymeren genügt der Mehrzahl der oben formulierten Forderungen:
- die Reaktion verläuft im wäßrigen Medium (wäßrige Lösung oder Emulsion des Monomers),
- es bildet sich nur eine minimale Menge Homopolymer,
- es werden billige und zugängliche Peroxidinitiatoren verwendet,
- es findet kein bedeutender Abbau der Zellulose statt.

Der Prozeß kann in Apparaturen durchgeführt werden, die in Chemiefaserwerken, aber auch in Textilveredlungsbetrieben, vorhanden sind.

Um die Bildung von Homopolymer auszuschließen, gilt es dafür zu sorgen, daß keine spürbaren Mengen Initiator in der Monomerlösung sind. Das Homopolymer bildet sich auch nicht in folgenden Fällen:

1. Wenn für die Pfropfcopolymerisation keine wäßrige Monomerlösung verwendet wird, sondern eine Lösung des Monomers in einem organischen Lösungsmittel, in dem der Initiator unlöslich ist. Das an der Faser haftende Monomer läßt sich nach der Beendigung des Pfropfprozesses durch Destillieren mit Wasserdampf entfernen[100]. – Die Pfropfung im nichtwäßrigen Medium kompliziert allerdings das Verfahren, besonders die Regenerierung des Monomeren und des Lösungsmittels.

2. Wenn der Pfropfprozeß durch Einwirkung von Monomerdämpfen durchgeführt wird. Die Faser wird dazu vorher mit einer verdünnten Lösung des Initiators, der sich bei erhöhter Temperatur unter Bildung von Radikalen spaltet, behandelt. Als Initiator läßt sich zum Beispiel Kaliumpersulfat einsetzen. Beim Erhitzen wird das Persulfat-Ion in Ionenradikale aufgespalten:

$$S_2O_8^{2-} \longrightarrow 2SO_4^- \cdot$$

Dann wird in Gegenwart von Alkohol[101] das Radikal $RO\cdot$ gebildet:

$$ROH + SO_4^- \cdot \longrightarrow RO\cdot + HSO_4^-$$

Es gelang, nichtmodifizierte Zellulose in Monomerdämpfen zu pfropfen[102].

Bei der Initiierung der Pfropfung mittels des Redoxsystems $Fe^{2+} + H_2O_2$ bei präventiver Verknüpfung der Eisen(II)-Ionen mit den Carboxy-Gruppen im Zellulose-Makromolekül gelang es, beträchtliche Mengen Polyacrylnitril auf Zellulose-Fasern zu pfropfen. Homopolymer bildete sich nicht. Die Effektivität der Pfropfung* betrug 95%[103].

Die Pfropfung des Monomers aus der Gasphase hat wesentliche Vorteile gegenüber der Pfropfung aus der flüssigen Phase. Der apparative Aufwand ist jedoch wesentlich größer, insbesonders, wenn kontinuierlich gepfropft werden soll.

Die Synthese von Pfropfcopolymeren nach Bildung von Makroradikalen durch Einwirkung von Teilchen niederer Energie wurde von Geacintov realisiert[104]. Die Bestrahlung erfolgte mit sichtbarem Licht in Gegenwart von Sensibilisatoren (Anthrachinon-Farbstoffe; 0,01 mol·l^{-1}). Durch die Bestrahlung regt Licht bestimmter Wellenlänge Moleküle des Sensibilisators an und werden Radikale gebildet, die mit der Zellulose reagieren. Die so gebildeten Makroradikale initiieren die Pfropfpolymerisation. Gleichzeitig geht ein Teil der angeregten Moleküle des Sensibilisators in die Lösung des Monomers über und initiiert die Homopolymerisation.

Unter Benutzung dieser Initiierungsmethode stellten Geacintov und Mitarbeiter Pfropfcopolymere der Zellulose mit verschiedenen Vinylpolymeren her, mit Polyacrylnitril, Polystyrol und Polymethylmethacrylat. Die Methode hat jedoch eine Reihe von Mängeln – die Bildung einer beträchtlichen Menge Homopolymer, lange Dauer des Pfropfprozesses –, so daß man sie für die praktische Anwendung nicht empfehlen kann.

Die Synthese von Pfropfcopolymeren durch Radikalpolymerisation wird im Laboratorium am meisten angewendet. Sie wird sowohl für die Herstellung von vielfältigen synthetischen Pfropfcopolymeren, als auch für das Pfropfen von Zellulose und ihrer Derivate benutzt.

Als Strahlungsquelle dient meist Co^{60}. Die Behandlung der polymeren Materialien mit γ-Strahlen führt zur Bildung eines Makroradikals, das die Pfropfpolymerisation initiiert. Gleichzeitig findet ein Abbau des Polymeren statt. Das Verhältnis zwischen den Geschwindigkeiten dieser beiden Reaktionen hängt wesentlich von der chemischen Natur des Polymers ab.

Inzwischen wurden einige Pfropfverfahren durch Bestrahlungspolymerisation vorgeschlagen:

— Gemeinsame Bestrahlung von Polymer und Monomer an der Luft;
— gemeinsame Bestrahlung von Polymer und Monomer unter Ausschluß von Luftsauerstoff;
— Bestrahlung des Polymers in Inertgas-Atmosphäre mit nachfolgender Einwirkung des Monomers;
— Bestrahlung des Polymers an der Luft und nachfolgende Einwirkung des Monomers.

Der Nachteil dieser Methoden besteht in der Mehrzahl der Fälle in der Bildung von beträchtlichen Mengen Homopolymer.

Durch Bestrahlungspolymerisation wurde eine größere Anzahl Copolymere der Zellulose mit Vinylmonomeren synthetisiert[95].

Ein weiteres Verfahren der Pfropfcopolymerisation wird durch die Einführung von Gruppen in das Zellulose-Makromolekül möglich, die unter Bildung von Radikalen zerfallen können. Die Reaktion wird durch die Makroradikale initiiert, die sich beim Zerfall von Peroxid- und Hydroperoxid-Gruppen bilden[106-109].

Das Radikal ȮH initiiert auch die Nebenreaktion der Homopolymerisation.

---

* Unter Pfropfungseffektivität wird das Verhältnis zwischen dem Monomerverbrauch für die Pfropfung und die Homopolymerisierung verstanden.

In Gegenwart von Metallionen wechselnder Valenz wird das Radikal ȮH zum Ion OH⁻ reduziert. Im heterogenen Medium jedoch, in dem die Synthese von Pfropfcopolymeren der Zellulose und ihrer Ester stattfindet, wird ein Teil der ȮH-Radikale auch in Gegenwart von Metallionen wechselnder Valenz nicht zu OH⁻-Ionen reduziert; dies führt zur Bildung von beträchtlichen Mengen Homopolymer.

Der Vorteil dieses Verfahrens besteht jedoch in der Möglichkeit, Pfropfcopolymere nicht nur von der Zellulose selbst, sondern auch von ihren Estern und Ethern herzustellen. Die Hydroperoxid-Gruppen können sich nämlich auch durch Wechselwirkung des Oxidationsmittels mit den Acyloxy- und insbesondere mit den Alkoxy-Gruppen bilden[110]. So ist es möglich, die Zahl der eingeführten Hydroperoxid-Gruppen zu regulieren und damit die Menge der gepfropften Ketten.

Die wesentlichen Nachteile dieses Verfahrens sind — wie schon angedeutet — die Bildung bedeutender Mengen Homopolymer und der Abbau der Zellulose bei ihrer partiellen Oxidation. Diese Mängel lassen sich vermeiden, wenn für die Pfropfung modifizierte Zellulose verwendet wird, die eine kleine Menge aromatischer Amino-Gruppen enthält. Ein solches Verfahren wurde fast gleichzeitig und unabhängig voneinander von Richards[111] und von Rogowin[112] vorgeschlagen und auch von Simionescu[113] ausgearbeitet.

Richards stellte ein Zellulose-Derivat her, das aromatische Amino-Gruppen enthielt. Er ließ Alkalizellulose mit *p*-Amino-ω-chloracetophenon reagieren:

$$[C_6H_7O_2-(OH)_2-ONa]_n + n\,ClCH_2-CO-C_6H_4-NH_2$$

$$\longrightarrow [C_6H_7O_2-(OH)_2-OCH_2-CO-C_6H_4-NH_2]_n + n\,NaCl$$

Dieses Problem wurde von Rogowin und seinen Mitarbeitern auf einem einfachen Wege gelöst[112]. Sie behandelten die Zellulose in schwachalkalischem Medium mit einer wäßrigen Lösung des Schwefelsäureesters des 4-β-Oxyethylsulfonylanilins oder des 4-β-Oxyethylsulfonyl-2-aminoanisols. Bei erhöhter Temperatur spaltet sich der Schwefelsäureester und es bildet sich die Vinylsulfon-Gruppe, die sich im *status nascendi* an die Hydroxy-Gruppe des Zellulose-Makromoleküls anlagert, wodurch ein Ether gebildet wird:

HOSO₂—O—CH₂—CH₂—SO₂—⟨C₆H₄⟩—NH₂

↓ NaHCO₃, 100°C

Zellulose—OH + CH₂=CH—SO₂—⟨C₆H₄⟩—NH₂

⟶ Zellulose—O—CH₂—CH₂—SO₂—⟨C₆H₄⟩—NH₂

Die nun in das Zellulose-Makromolekül eingeführten Amino-Gruppen werden diazotiert. Das gebildete Diazoniumchlorid zerfällt dann bei erhöhter Temperatur unter Abspaltung von Stickstoff und unter Bildung eines Zellulose-Makroradikals. In Gegenwart von Metallsalzen wechselnder Valenz wird das gebildete Chlor-Radikal zum Chlorid-Ion reduziert und die Bildung von Homopolymeren ausgeschaltet:

Zellulose$-$O$-$CH$_2$$-CH_2$$-SO_2$$-Ar-N_2$Cl   +   Fe^{2+}

$$\xrightarrow{60°C} \text{Zellulose}-O-CH_2-CH_2-SO_2-Ar\bullet \; + \; N_2 \; + \; Cl^- \; + \; Fe^{3+}$$

Für die Pfropfung von 30 bis 50% Vinylpolymer (bezogen auf die Masse der Zellulose) eignet sich bereits ein Ether aus Zellulose und Oxyethylsulfonylanilin mit einem Substitutionsgrad von 0,03 bis 0,1.

Einen wesentlichen Einfluß auf die Aktivität des gebildeten Makroradikals hat die Stellung der Amino-Gruppe im aromatischen Kern zur Sulfon-Gruppe. Wenn sich die Amino-Gruppe in *p*-Stellung zur Sulfon-Gruppe befindet, dann ist die Aktivität der gebildeten Makroradikale beträchtlich höher als in *m*-Stellung[112]. So erwies sich die Pfropfung von Polyvinylidenchlorid auf Zellulose nur bei der Anwendung des *p*-Amino-Derivats als möglich[114].

Mit der beschriebenen Methode wurden Pfropfcopolymere der Zellulose mit Polyacrylnitril, Polyvinylidenchlorid, Polymethylmethacrylat und mit den Estern der Polyacrylsäure und der Polyvinylphospinsäure hergestellt. In keinem Fall wurde die Bildung von Homopolymer beobachtet. Ein anderer Vorzug des Verfahrens ist die Einfachheit der eingesetzten Apparaturen. Es lassen sich die für das Anfärben von Zellulose-Fasern bzw. Geweben mit Reaktivfarbstoffen verwendeten Einrichtungen einsetzen. — Die Nachteile dieses Prozesses liegen in den verhältnismäßig hohen Kosten für die Reagentien, die für die Alkylierung der Zellulose gebraucht werden, und darin, daß (in der Mehrzahl der Fälle) gefärbte Textilien erhalten werden. Dies ergibt sich offensichtlich durch die Nebenreaktionen der Stickstoff-Kombinationen.

Eines der aussichtsreichsten Verfahren zur Gewinnung von Pfropfcopolymeren der Zellulose baut auf Initiierungssystemen auf, bei denen die Zellulose die Rolle des Reduktionsmittels einnimmt. Dabei verläuft die Oxidation der Hydroxy-Gruppen des Zellulose-Makromoleküls über Makroradikalen. Dieses Verfahren wurde zuerst von Mino und Kaiserman[115] angewendet. Sie schlugen als Oxidationsmittel für die Zellulose Salze des vierwertigen Cer vor. Die beim Oxidationsprozeß durch die Cer(IV)-Salze gebildeten Makroradikale der Zellulose werden folgerichtig bei der Oxidation der Glykol-Gruppierung durch gleichzeitige Öffnung der Bindung zwischen C2 und C3 gebildet:

Diese von Mino und Kaiserman entwickelte Vorstellung[116] wurde experimentell von Liwschiz, Alatschew, Prokofjewa und Rogowin[117] bestätigt. Es zeigte sich, daß keine Pfropfpolymerisation eintritt, wenn als Ausgangsprodukt partiell methylierte Zellulose (Substitutionsgrad = 1,8), die keine freien Glykol-Gruppierungen enthält, verwendet wird. Aus nativer Zellulose werden unter denselben Bedingungen Copolymere gebildet, die 30 bis 50% Pfropfpolymer enthalten.

Nach Angaben von Kurljankina, Sarina und Kasmina, die den Mechanismus dieses Prozesses systematisch untersuchten[118], ist die Oxidation der Zellulose durch Cer(IV)-Salze, wie die Oxidation anderer Alkohole auch, mit der Bildung und dem nachfolgenden Zerfall eines intermediären Komplexes verbunden:

$$\text{Cer(IV)} + \text{ROH} \longrightarrow \text{(Komplex)} \longrightarrow \text{Cer(III)} + \text{R}\dot{\text{O}}\text{H} + \text{H}^+$$

Das freie Radikal mit der Alkoholgruppe kann als Initiator für die Polymerisation von ungesättigten Verbindungen dienen, insbesondere bei der Pfropfpolymerisation.

Die Cer-Salze können die Polymerisation von Vinylmonomeren auch beim Fehlen eines Reduktionsmittels initiieren. Diese Reaktion, die zur Bildung von Homopolymeren führt, beginnt jedoch erst nach einer Induktionszeit von 20 bis 30 Minuten, wenn unter Argon gearbeitet wird. An der Luft[119] erreicht die Induktionszeit 110 bis 180 Minuten. Die Oxidation des Polymers und demzufolge auch die Bildung der Makroradikale und die Synthese der Pfropfpolymeren verlaufen ohne Induktionszeit. Wenn die Synthese der Zellulose-Pfropfcopolymeren unter Bedingungen durchgeführt wird, bei denen die Dauer des Copolymerisationsprozesses kürzer ist als die Induktionszeit der Homopolymerisation, gelingt es, Zellulose-Pfropfcopolymere herzustellen, die praktisch kein Homopolymer enthalten. Die Geschwindigkeit der Pfropfpolymerisation hängt bei sonst gleichen Bedingungen vom Charakter des Anions des Cer-Salzes ab. So wird bei Verwendung von äquimolaren Mengen von Cerammoniumnitrat anstelle von Cerammoniumsulfat die Geschwindigkeit der Pfropfpolymerisation zwei- bis dreimal größer[108]. Die Pfropfgeschwindigkeit an der Luft ist bei Anwendung dieses Initiierungsverfahrens beträchtlich geringer als beim Arbeiten unter Inertgas.

Die beschriebene Synthese von Pfropfcopolymeren der Zellulose wird im Laboratorium häufig angewendet. Die Vorzüge dieser Methode sind die hohe Geschwindigkeit des Pfropfprozesses und die Möglichkeit, für die Synthese von Zellulose-Pfropfcopolymeren verschiedene Vinylmonomere verwenden zu können. Für die Produktion kann diese Methode wegen der hohen Preise der Cer-Salze jedoch nicht empfohlen werden. Die Cer-Salze lassen sich aus den verbrauchten Lösungen nach Beendigung des Propfprozesses auch nicht regenerieren.

Großes Interesse für dieses Initiierungsverfahren haben andere, zugänglicherere Metalle wechselnder Valenz: $-\text{Mn}^{7+}$ und Mn^{3+}; V^{5+}; Cr^{6+}; Fe^{3+}. Liwschiz und Rogowin[120] schlugen die Anwendung von Manganpyrophosphat vor, das mit den niedermolekularen Glykolen Redoxsysteme bildet[121], welche die Polymerisation von Vinylmonomeren initiieren können. Das gleiche System kann für die Synthese von Zellulose-Pfropfcopolymeren angewendet werden. Die Reaktion verläuft offensichtlich so, wie in Gegenwart von Cer-Salzen.

Die Mangan(III)-Salze führen wie die Cer(IV)-Salze zu einer Homopolymerisation des Monomeren, die auch eine Induktionsperiode hat. Deshalb gelingt es unter bestimmten Bedingungen, besonders in Inertgasatmosphäre, Pfropfcopolymere der Zellulose ohne gleichzeitige Bildung von merklichen Mengen Homopolymer zu synthetisieren. Dies ist besonders leicht möglich, wenn Monomerdämpfe auf Zellulose-Fasern oder Geweben, die vorher mit Mangan(III)-Salzen imprägniert wurden, einwirken.

Recht interessant ist auch die Synthese von Zellulose-Pfropfcopolymeren mit einem Redoxsystem, bei der Vanadium(V)-Verbindungen, speziell die Metavanadinsäure, als Oxidationsmittel dienen[122]. In diesem Fall findet nur die Pfropfpolymerisation statt; Homopolymerisation tritt auch bei längerer Reaktionsdauer nicht ein. Die Metavanadinsäure kann jedoch nicht für die Initiierung der Pfropfung auf die Zellulose selbst verwendet werden, weil sie nicht die Hydroxy-Gruppen oxidiert; sie reagiert nur mit den funktionellen Gruppen, die sich leichter als die Hydroxy-Gruppen oxidieren lassen (aliphatische und aromatische Amino-Gruppen sowie auch Aldehyd-Gruppen). Die Notwendigkeit, diese Gruppen vorher in das Zellulose-Makromolekül einführen zu müssen, ist ein wesentlicher Nachteil dieser sonst einfachen Methode; ihre praktische Anwendung ist dadurch leider begrenzt.

Bei der Verwendung von modifizierter Zellulose als Ausgangsprodukt, die eine kleine Menge aromatischer Amino-Gruppen enthielt[112], gelang es, verschiedene Typen von Zellulose-Pfropfcopolymeren zu synthetisieren; speziell solche, die in Gegenwart von Cer-Salzen nicht hergestellt werden konnten, wie zum Beispiel das Zellulose-Pfropfcopolymer mit Poly-2-methyl-5-vinylpyridin, das Copolymer mit Polyacrylsäure und mit Polymethacrylsäure[122].

Die Pfropfung auf die modifizierte Zellulose in Gegenwart von Metavanadinsäure verläuft nach folgendem Schema[122].

1. Bei der Oxidation der Amino-Gruppe des Zelluloseethers wird ein Makroradikal gebildet, das ein ungepaartes Elektron am Stickstoff-Atom besitzt:

$$Zellulose-O-CH_2-CH_2-SO_2-C_6H_4-NH_2 + VO_2^+$$
$$\longrightarrow Zellulose-O-CH_2-CH_2-SO_2-C_6H_4-\overset{\cdot}{N}H{\to}O + VO^{2+}$$

2. Das Makroradikal initiiert die Pfropfpolymerisation des Vinylmonomeren:

$$Zellulose-O-CH_2-CH_2-SO_2-C_6H_4-\overset{\cdot}{N}H{\to}O + CH_2=CHR$$
$$\longrightarrow Zellulose-O-CH_2-CH_2-SO_2-C_6H_4-NH(\to O)-CH_2-\overset{\cdot}{C}HR$$

3. Der Kettenabbruch tritt offensichtlich durch Wechselwirkung des gewachsenen Makroradikals mit dem Ion des Oxidationsmittels ein:

$$Zellulose-O-CH_2-CH_2-SO_2-C_6H_4-NH(\to O)-[CH_2-CHR]_{n-1}-CH_2-\overset{\cdot}{C}HR + VO_2^+ \longrightarrow$$
$$Zellulose-O-CH_2-CH_2-SO_2-C_6H_4-NH(\to O)-[CH_2-CHR]_{n-1}-CH=CHR + VO^{2+} + OH^-$$

Der angegebene Reaktionsmechanismus wird durch IR-Spektroskopie bestätigt[120].

Die Anwendung von Cobalt(III)-Salzen zur Initiierung der Synthese von Pfropfcopolymeren der Zellulose, der Stärke und anderer hydroxyhaltiger Polymere wurde von japanischen

Forschern untersucht[123]. Bei ihrem Einsatz wird die Pfropfpolymerisation von der Bildung beträchtlicher Mengen Homopolymer begleitet, weil die Cobalt(III)-Salze ein stärkeres Oxidationsmittel sind als die Cer(IV)-Salze und das Monomer ohne Induktionsperiode oxidieren. Außerdem bildet sich offensichtlich bei der Einwirkung von Co^{3+} auf Wasser das Radikal $\dot{O}H$

$$Co^{3+} + H_2O \longrightarrow Co^{2+} + H^+ + \dot{O}H,$$

das auch Homopolymerisation hervorruft. Wie jedoch schon gezeigt wurde[124], kann unter bestimmten Prozeßbedingungen (herabgesetzte Temperatur, bestimmter pH-Wert, Auswahl eines bestimmten Anions) die Umsetzung der Salze mit Wasser und damit die Homopolymerisation gebremst werden. Entsprechend steigt die Effektivität der Pfropfung bis auf 70 bis 80%. Die Propfung kann noch bei 0 °C durchgeführt werden.

Von großem Interesse sind Redoxsysteme, in denen niedrigsubstituiertes Zellulosexanthogenat das Reduktionsmittel darstellt, Oxidationsmittel sind V^{5+}, Fe^{3+}, Cr^{6+}. Das Zellulosexanthogenat ist ein Zwischenprodukt bei der Herstellung von Viskosefasern. Deshalb können frisch versponnene Viskosefasern, die noch eine kleine Menge nicht verseifter Thiocarbon-Gruppen enthalten, direkt für die Synthese von Zellulose-Pfropfcopolymeren eingesetzt werden. Die charakteristische Besonderheit dieser Systeme ist der hohe Wirkungsgrad der Pfropfung, der 96 bis 98% beträgt. Dies läßt sich damit erklären, daß die Geschwindigkeit der Bildung der Makroradikale merklich höher ist als die Bildungsgeschwindigkeit der Monomerradikale. Ein weiterer Vorteil ist die hohe Pfropfgeschwindigkeit. So ist der Pfropfprozeß an frisch versponnenen Viskosefasern bei 20 °C nach 15 bis 30 Sekunden beendet, was diesem Initiierungssystem gewisse Chancen verschafft, in den kontinuierlich ablaufenden Viskosefaserherstellungsprozeß eingebaut zu werden[125].

Das Pfropfverfahren am Zellulosexanthogenat unter Verwendung von Eisen(II)-Ionen und Wasserstoffperoxid als Initiierungssystem wurde zuerst von Fissinger und Konte im Jahre 1963 beschrieben, alsdann von der Firma „Scott" patentiert[126] und des weiteren von Dimov und Parlov untersucht[127]. Die Pfropfung unter Verwendung des erwähnten Systems erfolgt durch Umsetzung des Radikals $\dot{O}H$, das bei der Reaktion des Wasserstoffperoxids mit Eisen(II)-Ionen gebildet wird, mit dem Zellulosexanthogenat unter Abspaltung von Schwefelkohlenstoff, durch Umgruppierung des Radikals und Lokalisation des unpaarigen Elektrons am Kohlenstoff-Atom. Das gepfropfte Polymer verbindet sich mit der Zellulose immer durch C–C-Bindung.

Nach Angaben von Krässig beträgt bei der Pfropfung von Polyacrylnitril auf das Zellulosexanthogenat nach der skizzierten Methode die Molekülmasse der Pfropfkette $40 \cdot 10^3$ bis $120 \cdot 10^3$. Je höher die Zahl der Thiocarbon-Gruppen im Makromolekül des Zellulosexanthogenats ist, d.h. je mehr aktive Zentren es gibt, desto niedriger ist die Molekülmasse des gepfropften Polyacrylnitrils. So beträgt bei einem Substitutionsgrad des Zellulosexanthogenats von 0,04 die Molekülmasse der gepfropften Kette 120 000; durch Verwendung eines Xanthogenats mit dem Substitutionsgrad von 0,08 wird ihre Molekülmasse auf 41 000 herabgesetzt. Der hauptsächliche Nachteil des Verfahrens ist die Bildung großer Mengen Homopolymer. Dies läßt sich durch die Diffusion der niedermolekularen Radikale $\dot{O}H$ in die Monomerlösung und durch die Initiierung der Homopolymerisation erklären. Bei Temperaturerhöhung wird eine zusätzliche Menge von $\dot{O}H$-Radikalen gebildet. Sie ergibt sich aus der thermischen Dissoziation von Wasserstoffperoxid-Molekülen.

Die erwähnten Nachteile bei der Pfropfung auf das Zellulosexanthogenat lassen sich beheben, wenn Metallsalze wechselnder Valenz ohne Wasserstoffperoxid eingesetzt werden. Am interessantesten sind die Systeme, die als Oxidationsmittel Eisen(III)-Salze benutzen. Diese Salze besitzen ein verhältnismäßig niedriges Oxidationspotential (0,76 V). Deshalb sind sie im Redoxsystem nur für Zellulose-Derivate geeignet, die Gruppen enthalten, die leicht reduziert werden können, speziell Thiocarbon-Gruppen. Die Effektivität der Pfropfung beträgt 98 bis 99%.

Die Pfropfung mit dem Redoxsystem Zellulosexanthogenat/Fe^{3+} verläuft nach dem Schema:

$$\text{Zellulose}-\underset{H}{\overset{|}{C}}-O-\underset{S}{\overset{\|}{C}}S^- + Fe^{3+} \longrightarrow \text{Zellulose}-\underset{H}{\overset{|}{C}}-O-\underset{S}{\overset{\|}{C}}S\cdot + Fe^{2+}$$

$$\text{Zellulose}-\underset{S}{\overset{|}{\underset{\|}{C}}}-O-CS\cdot \longrightarrow \text{Zellulose}-\underset{H}{\overset{|}{C}}-O\cdot + CS_2$$

$$\text{Zellulose}-\underset{H}{\overset{|}{C}}-O\cdot \longrightarrow \text{Zellulose}-\underset{OH}{\overset{|}{C}}\cdot$$

Eine charakteristische Besonderheit dieses Systems ist, daß es zu Pfropfketten mit niedrigerer Molekülmasse führt (bei der Pfropfung von Polyacrylnitril beträgt der Polymerisationsgrad 540) als bei der Anwendung anderer Redoxsysteme.

Die Eisen(III)-Salze sind ein billiges Oxidationsmittel und können für den praktischen Einsatz empfohlen werden.

Bei der Anwendung des Redoxsystems Zellulosexanthogenat/Chrom(VI)-Salze wird mit dem Pfropfcopolymer eine bedeutende Menge Homopolymer gebildet, das stabil in der Faserstruktur fixiert ist. In der Reaktionslösung fehlt das Homopolymer[128]. Die Effektivität der Pfropfung ist beträchtlich niedriger als bei Verwendung von Fe^{3+}; sie beträgt 30 bis 35%.

Ein Spezifikum des Systems Zellulosexanthogenat/Chrom(VI)-Salze ist die niedrige Aktivierungsenergie der Pfropfcopolymerisationsreaktion. Infolgedessen ist die Abhängigkeit der Prozeßgeschwindigkeit von der Temperatur gering. So werden unter sonst gleichen Bedingungen bei 0 °C 21% Pfropfcopolymer und bei 50 °C 29% Pfropfcopolymer gebildet.

Für die Auswahl des Redoxsystems oder einer anderen Initiierungsmethode für den Pfropfprozeß ist die Pfropfungseffektivität ein wichtiges Kriterium. Zur Erhöhung der Pfropfungseffektivität ist es erforderlich, daß die Oxidationsgeschwindigkeit der Zellulose oder der Zellulose-Derivate, die zur Bildung des Makroradikals führt, beträchtlich höher ist als die Oxidationsgeschwindigkeit des Monomers. Nur so ist es möglich, die Homopolymerbildung niedrig zu halten oder gänzlich auszuschließen. Bei der Anwendung ein- und desselben Oxidationsmittels, das in die Zusammensetzung des Redoxsystems eingeht, ist die Pfropfungseffektivität um so größer, je höher die Reduktionsfähigkeit des Polymeren ist.

Für die Herstellung eines Zellulose-Pfropfcopolymeren, das nur wenig Homopolymer enthalten soll, ist es notwendig, daß das Oxidationspotential des Reagens, das in die Zusammensetzung des Redoxsystems eingeht, minimal ist. Deshalb empfehlen sich Salze mit Metallionen wechselnder Valenz und Zellulose-Präparate, die Gruppen von hoher Reduktionsfähigkeit enthalten, speziell Zellulosexanthogenat.

Nachstehend sind die Redoxpotentiale verschiedener funktioneller Gruppen angegeben, die in das Zellulose-Makromolekül eingeführt werden können, das für die Pfropfung verwendet wird[129]:

Funktionelle Gruppe	Redoxpotential (V)
Alkohol-Gruppe	1,55
Aldehyd-Gruppe	1,01
Aromatische Amino-Gruppe	1,01
Sulfhydryl-Gruppe, z.B. Thiocarbon-Gruppe	0,74

Je niedriger das Redoxpotential der Gruppen ist, desto größer ist ihre Aktivität und um so höher ist die Effizienz der Pfropfung.

Großes Interesse für die Erhöhung der Pfropfgeschwindigkeit und die Heraufsetzung der Konversion des Monomeren haben die sogenannten reversiblen Redoxsysteme. Ihr Prinzip besteht in der Einführung einer dritten Komponente in die Zusammensetzung des Redoxsystems. Diese dritte Komponente reduziert die oxidierte Verbindung (z.B. Eisen(III)-Ionen) wieder auf die ursprüngliche Valenz. Solche Systeme wurden von Dolgoplosk und Mitarbeitern[130] beschrieben. Die Autoren realisierten die Polymerisation von Dienen (Butadien oder Gemische von Butadien und Styrol) bei −50 °C. Für die Reduzierung von Fe^{3+} zu Fe^{2+} wurden Kohlenhydrate (Glucose), Ascorbinsäure, Rongalit und andere Reduktionsmittel benutzt.

Die reversiblen Redoxsysteme wurden bei der Pfropfung von Dienen angewendet[131] sowie auch von kleinen Mengen Dihydroperfluoracrylat[132] auf Zellulose. Die Eisen(II)-Ionen sind dabei mit Carboxy-Gruppen gebunden, die im Zellulose-Makromolekül in geringen Mengen vorhanden sind. Wasserstoffperoxid und Rongalit wurden in die wäßrige Emulsion des Monomeren eingebracht.

Am zweckmäßigsten ist als dritte Komponente mit Reduktionseigenschaften Hydrazin oder Hydrochinon. Mit diesem System gelingt es, auf frisch gebildeter Hydratzellulose (nicht auf Zellulosexanthogenat) innerhalb von 60 Sekunden 45 bis 60% Polyacrylnitril zu pfropfen[133]. Diese günstige Pfropfgeschwindigkeit schafft die Voraussetzung für einen kontinuierlichen Prozeß. Die Pfropfpolymerisation braucht auch nicht bei 40 °C durchgeführt zu werden, wie dies bei der Anwendung des Systems Fe^{2+} und H_2O_2 erforderlich ist, sondern läßt sich bereits bei 10 °C realisieren, was bei der Pfropfung von leichtflüchtigen Monomeren von großer Bedeutung ist.

Abb. 2.2 enthält Angaben über die Pfropfgeschwindigkeiten von Polyacrylnitril bei Anwendung der Redoxsysteme $Fe^{2+}-H_2O_2$ und $Fe^{2+}-H_2O_2$-Hydrochinon.

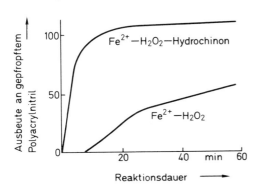

Abb. 2.2 Abhängigkeit der Ausbeute an gepfropftem Polyacrylnitril vom Initiierungssystem, in % von der Masse der Zellulose
Reaktionsbedingungen
Gehalt an Acrylnitril: 7%; H_2O_2: 0,01%;
Hydrochinon: 0,02%; Fe^{2+}: 0,25%
Temperatur 60 °C

Zusammenfassend ergibt sich, daß das aussichtsreichste Verfahren zur Initiierung der Pfropfpolymerisation zur Modifizierung zellulosischer Textilien die Redox-Initiierung mit Systemen ist, bei denen die Zellulose oder ihre Derivate die Rolle des Reduktionsmittels übernehmen. Außerdem scheinen noch bestimmte Varianten von Kettenübertragungsreaktionen von Initiator-Radikalen aussichtsreich.

Bei der Herstellung von Folien und Fasern aus einem Gemisch zweier Homopolymere (Zellulose oder Zelluloseester und Homopolymere aus synthetischen Monomeren) und einem Pfropfcopolymer, das beim Prozeß der Pfropfpolymerisation gebildet wird, erhöht sich die Zahl der praktisch anwendbaren Initiierungsverfahren.

2.6 Gehalt an Zellulose-Pfropfcopolymeren

Die Zellulose-Pfropfcopolymerreaktion wird charakterisiert durch den Gehalt an gepfropftem Copolymer, Homopolymer und restlicher Zellulose bzw. Zellulose-Derivat sowie durch die Länge der Pfropfketten und ihre Polydispersität.

Bei der detaillierten Untersuchung des Zellulose-Pfropfcopolymeren gilt es nachzuweisen, daß tatsächlich ein Pfropfcopolymeres erhalten wurde. Dazu wird das Pfropfcopolymere von den beiden Homopolymeren abgetrennt, werden die Pfropfketten isoliert und ihre rel. Molekülmasse und Polydispersität ermittelt. Außerdem wird noch die Form der Bindung zwischen Haupt- und Pfropfkette festgestellt.

Der Gehalt an Pfropfcopolymerem von Zelluloseacetat mit Poly-2-methyl-5-vinylpyriden und mit Polyacrylsäure wurde nach folgender Methode bestimmt: — das Polymergemisch, das bei der Pfropfung von Methylvinylpyridinphosphat (bei Anwendung des Monomeren in Form von phosphorsaurem Salz ist das Pfropfcopolymere in organischen Lösungsmitteln unlöslich) auf sekundärem Zelluloseacetat oder Zellulosetriacetat erhalten wurde, wurde mit Aceton — für das sekundäre Zelluloseacetat — oder Methylenchlorid — für das Zellulosetriacetat — extrahiert. Das nicht gepfropfte Zelluloseacetat wurde dann herausgelöst und das Gemisch an Pfropfcopolymer und Homopolymer (Poly-2-methyl-5-vinylpyridinphosphat) mit einer verdünnten Natriumhydrogencarbonat-Lösung behandelt. Dadurch läßt sich die gebundene Phosphorsäure entfernen und das Poly-2-methyl-5-vinylpyridin in Form der freien Base wird erhalten. Dann wurde Methanol zugesetzt, in dem sich das Homopolymer (Polymethylvinylpyridin) löst, während das Pfropfcopolymer nicht gelöst wird. Die erhaltenen Resultate zeigten, daß unter den gewählten Bedingungen der Pfropfpolymerisation 68,5% des Zellulosetriacetats und 74,1% des sekundären Zelluloseacetats nicht reagiert hatten[134]. Ähnliche Ergebnisse wurden auch bei der Untersuchung des Gehaltes an Pfropfcopolymeren aus Zelluloseacetat und Polyacrylsäure ermittelt[134].

Bei der Bestimmung des Gehaltes an Pfropfcopolymerem aus Zellulose mit Polyacrylnitril wurde eine andere Methode angewendet[135]. Das nach der Pfropfung vorhandene Gemisch wurde unter milden Bedingungen nitriert. Während das Zellulosenitrat in Aceton vollständig löslich ist, löst sich das Pfropfcopolymere des Zellulosenitrats mit Polyacrylnitril nicht. Die Befunde zeigten, daß bei der Pfropfung mit 35 bis 40% Polyacrylnitril (von der Masse des Pfropfcopolymeren) nur 20 bis 30% der Ausgangszellulose umgesetzt werden konnten[136].

Der Pfropfeffekt läßt sich auch an einer größeren Reaktionsfähigkeit von bestimmten funktionellen Gruppen erkennen, die in die Pfropfkette eingetreten sind. So zeigte sich[137], daß die Nitrierungsgeschwindigkeit der Styrolmoleküle, die in die Pfropfkette eingetreten sind, beträchtlich höher ist als die Nitrierungsgeschwindigkeit der gleichen Gruppen im Molekül des Homopolystyrols oder im Molekül von gepfropftem Polystyrol, das von dem Pfropfcopolymer abgetrennt worden war.

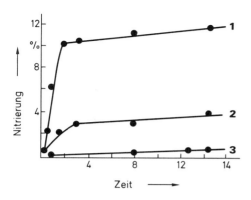

Abb. 2.3 Vergleich der Nitrierungsgeschwindigkeit von Polystyrol, das in die Pfropfkette des gepfropften Polymers mit Zellulose eingetreten war **1**, der vom Pfropfcopolymer abgetrennten Pfropfkette **2** und des Homopolymers **3**

Analoge Gesetzmäßigkeiten wirken sich auch bei der Herstellung von Polyaminostyrol durch Reduktion der Nitro-Gruppen im Molekül von Polynitrostyrol aus[138] sowie bei der Umwandlung von Nitril- in Hydroxam-Gruppen im Pfropfcopolymer aus Zellulose und Polyacrylnitril.

2.7 Länge der Pfropfketten

Mit der Ermittlung der Länge der Pfropfketten des Copolymers befassen sich zahlreiche Arbeiten. Dies ist verständlich, weil die Eigenschaften der aus Zellulose-Pfropfcopolymeren hergestellten Materialien nicht nur von der Menge der Pfropfkomponente abhängen, sondern auch von der Zahl und Länge der Pfropfketten.

Durch Behandlung des Pfropfcopolymeren unter Bedingungen, unter denen die Zellulose vollständig abgebaut wird, das gepfropfte Carboketten-Polymer sich aber nicht verändert, lassen sich die Pfropfketten isolieren[139]. Dazu wird die Zellulose mit 72 bis 80%iger Schwefelsäure bei 20 bis 25 °C einige Stunden behandelt, dann mit Wasser verdünnt und im Verlauf von 5 Stunden vollständig hydrolysiert. Die Hydrolysemethode ist nur für Zellulose-Pfropfcopolymere geeignet, deren Pfropfketten keine funktionellen Gruppen enthalten, die sich unter Einwirkung konzentrierter oder verdünnter Säure verändern, z.B. für das Zellulose-Pfropfcopolymere mit Polymethylvinylpyridin[139], Polystyrol[140] sowie auch mit Polymethylacrylat[141]; mit nachfolgender ergänzender Esterifizierung des Polymethylacrylats, das unter den Hydrolysebedingungen partiell verseift wird. Für die Bestimmung der Kettenlänge des gepfropften Polyacrylnitrils ist diese Methode nicht anwendbar, weil bei der Einwirkung konzentrierter Säure die Nitril-Gruppe verseift wird oder andere komplizierte Umwandlungen erfährt. Gleichzeitig geht ein Abbau des Polyacrylnitrils vor sich. Deshalb wird zur Bestimmung der Kettenlänge von gepfropftem Polyacrylnitril die Zellulose durch Acetolyse[135] vollständig abgebaut. Dabei findet keine Änderung der Molekülmasse und der chemischen Zusammensetzung des Polyacrylnitrils statt.

Einige Angaben über die Länge der gepfropften Ketten einer Reihe von Zellulose-Copolymeren, die viskosimetrisch bzw. in einer Reihe von Fällen osmometrisch bestimmt wurden, enthält Tab. 2.1.

Tab. 2.1 Kettenlänge von gepfropften Carboketten-Polymeren

Initiierungs-methode bei der Pfropfpoly-merisation	Gepfropftes Polymer	Menge des gepfropften Polymers, % von der Masse der Zellulose	Polymerisa-tionsgrad der gepfropften Kette	Zahl der gepfropf-ten Ketten auf 1000 elementare Kettenglieder der Zellulose
System H_2O_2 + + Fe^{2+}	Polymethylvinylpyriden (Pfropfung auf Zellulose-acetat)	61,5	1 100	0,95
	Polyacrylnitril	66	4 580*	1,61
	Polyacrylnitril (H_2O_2-Menge um das 100fache erhöht)	128	1 545	3,47
Oxidation mit Vanadin-Verbin-dungen	Polyacrylnitril	50,5	12 000	0,15
	Polymethacrylsäure	51,7	1 330	0,87

*Das Homopolymer des Acrylnitrils, das unter den gleichen Bedingungen erhalten wird, hat einen Polymerisationsgrad von 470

Aus Tab. 2.1 ist ersichtlich, daß der mittlere Polymerisationsgrad der gepfropften Ketten eines Carboketten-Polymers bei der Radikal-Pfropfpolymerisation in heterogenem Medium sehr hoch ist; in der Regel übersteigt er den Wert von 1 000, ja zuweilen erreicht er 10 000 bis 12 000. Daraus ergibt sich, daß eine Pfropfkette, bei der Pfropfung von 50% Polymer auf eine Viskosefaser, die einen mittleren Polymerisationsgrad von 300 hat, im Mittel auf 1 bis 20 Zellulose-Makromoleküle kommt.

Es gibt auch Angaben, die besagen, daß sich die Zahl der auf ein Zellulose-Makromolekül gepfropften Ketten in Abhängigkeit von der Initiierungsmethode in weiten Grenzen än-dern läßt: von 0,02 nach Radiationsbestrahlung[142] auf 0,39 durch Verwendung von Diazo-nium-Salzen[143] und sogar auf 1,13 bei Anwendung von Cer(IV)-Ionen[144].

Die Zahl der gepfropften Ketten hat bei gleicher Menge Pfropfcopolymer einen wesent-lichen Einfluß auf den Eigenschaftskomplex der erhaltenen Materialien. Interessant ist, daß die Molekülmasse des Homopolymers, das unter den gleichen Bedingungen gebildet wird, beträchtlich niedriger ist (um das 3- bis 10fache) als die Molekülmasse des ge-pfropften Polymers. Dies läßt sich durch die Schwierigkeit des Abbruchs der wachsenden Kette erklären, die sich bei der Reaktion der Kette mit den Makroradikalen oder dem Ion des Oxidationsmittels bildet.

Einen wesentlichen Einfluß auf den Polymerisationsgrad der gepfropften Ketten hat die Reaktionstemperatur. Dies gilt besonders für die Initiierung der Pfropfpolymerisation von Zelluloseestern mit aromatischen Amino-Gruppen durch Oxidation mit Vanadinsäure. Die Abhängigkeit der Molekülmasse der gepfropften Ketten aus Polymethylmethacrylat von der Reaktionstemperatur zeigt die folgende Zusammenstellung:

Reaktionstemperatur (°C)	Molekülmasse der gepfropften Kette ($M \cdot 10^{-3}$)
50	1 060
60	920
70	550

Eine analoge Gesetzmäßigkeit wird bei der Pfropfung von Polyacrylnitril mit Hilfe des Redoxsystems H_2O_2 + Fe^{2+} beobachtet.

Einen großen Einfluß auf die Molekülmasse der gepfropften Ketten zeigt die Initiierungsmethode der Pfropfpolymerisation. So übersteigt der Polymerisationsgrad der gepfropften Ketten von Polymethylvinylpyridin im Zellulose-Pfropfcopolymer, das durch Kettenübertragung hergestellt wurde, fast um das 10fache den Polymerisationsgrad der Pfropfkette aus Methylvinylpyridin, die mit Hilfe von Diazo-Gruppen erzeugt werden, die vorher in das Molekül der modifizierten Zellulose eingeführt wurden[145]. Dies läßt sich offensichtlich durch die Unterschiede im Mechanismus des Kettenabbruchs bei den Pfropfpolymerisationen erklären.

Die gepfropften Ketten der Carboketten-Polymere sind polydispers. So unterscheiden sich im Falle des Polyacrylnitrils die Fraktionen der Pfropfketten nach ihrem Polymerisationsgrad um das 5- bis 8fache. In der Regel ist jedoch die Polydispersität der Pfropfketten bedeutend kleiner als die des Homopolymers, wobei die Verteilungskurve der Pfropfketten eine multimodale oder unimodale Form hat[146].

Bei der Pfropfung unter härteren Bedingungen gelingt es, die Molekülmasse der gepfropften Kette herabzusetzen. Es war jedoch durch Radikal-Polymerisation bis jetzt noch nicht möglich, ein Zellulose-Pfropfcopolymer herzustellen, bei dem der Polymerisationsgrad der gepfropften Kette aus einem Carboketten-Polymer niedriger war als 300 bis 400.

Die aussichtsreichste und zugänglichste Methode zur Regulierung der Länge der gepfropften Kette (d.h. auch der Molekülmasse) ist der Zusatz von sogenannten Kettenabbrechern. In Abhängigkeit von der Menge und insbesondere vom Charakter solcher Zusätze ändert sich die Länge der Pfropfkette. Tab. 2.2 enthält einige Angaben, die dies bestätigen[147].

Tab. 2.2 Einfluß von Regulatoren auf die Länge der Pfropfkette

Gepfropftes Monomer	Regulator	Regulatormenge, % der Masse des Monomers	Polymerisationsgrad der gepfropften Kette
Acrylnitril	CCl_4	0	1 350
		11	1 180
		42,5	870
		100	560
2-Methyl--5-vinylpyridin	Trieythylamin	0	2 240
		1	1 790
		3	1 420
		5	980
2-Methyl--5-vinylpyridin	CCl_4	0	2 240
		1	690
		5	380

Die Verlängerung der gepfropften Kette führt zu einer krassen Erhöhung der Viskosität der Lösungen des Zelluloseester-Pfropfcopolymeren. So ist z.B. die Viskosität einer 20%igen Lösung des Pfropfcopolymers von sekundärem Zelluloseacetat mit Polymethacrylsäure bei einer Molekülmasse der Pfropfkette von 800 000 um das 20- bis 25fache höher als die Viskosität einer äquikonzentrierten Lösung eines analogen Copolymers mit einer Molekülmasse von 100 000. Die gleiche Abhängigkeit wird für die Pfropfcopolymer-Lösungen von Zellulosenitrat und Zellulosetriacetat mit Polymethylmethacrylat beobachtet.

Bei Herabsetzung der Länge der Pfropfkette (bis zu einer bestimmten Grenze) erniedrigt sich die Glasumwandlungstemperatur des Pfropfcopolymeren[148]. Diese Feststellung wurde an verschiedenen Zellulose-Pfropfcopolymeren bestätigt, die kein Homopolymer enthielten, zum Beispiel an Zellulose-Polystyrol, Zellulosetriacetat-Polymethacrylsäure[129] (s. Tab. 2.3).

Tab. 2.3 Einfluß der Länge der Pfropfkette auf die Glasumwandlungstemperatur von Copolymeren

Zusammensetzung des gepfropften Copolymers	Verhältnis Zellulose : Pfropfcopolymer (%)	Molekülmasse der gepfropften Kette	Glasumwandlungstemperatur (°C)
Zellulose — Polystyrol	60 : 40	158 000	126
	60 : 40	74 150	102
Zellulosetriacetat — Polymethylmethacrylat	18,8 : 81,2	1 350 000	142
	21,7 : 78,2	770 000	130

Mit der Verkürzung der gepfropften Ketten erhöht sich die Doppelbiegungszahl bei Folien, die aus Copolymer-Lösungen von Zelluloseacetaten und Zellulosenitraten hergestellt werden. Außerdem steigen ihre Haltbarkeit und Reißdehnung. Dies läßt sich durch die Verkleinerung der Supramolekül-Strukturen erklären.

3. Gesetzmäßigkeiten der Pfropfcopolymerisation bei der Anwendung von binären Monomerengemischen

Die Pfropfprozesse aus binären Monomerengemischen, die durch Bestrahlung initiiert werden, wurden von einer ganzen Reihe von Forschern untersucht[104; 149], so auch im Problem-Laboratorium des Moskauer Textilinstituts[150]. Dabei wurde festgestellt, daß die effektive Konzentration der Monomeren in der Faser stark zunimmt, wenn sich das zu pfropfende Polymere in dem Monomerengemisch löst oder in ihm stark quillt. Die erhöhte effektive Konzentration der Monomeren in der Faser führt zu einer merklichen Erhöhung der Geschwindigkeit des Kettenwachstums. Der Einfluß dieses Faktors auf die Geschwindigkeit der Pfropfcopolymerisation wird besonders deutlich bei der Anwendung von Monomerengemischen. Eines der Monomere führt zur Pfropfkette, die nicht im eigenen Monomeren quillt und sich auch nicht in ihm löst, während die Pfropfkette, die als Copolymer auftritt, stark im Monomerengemisch quillt. Zu solchen Systemen zählen zum Beispiel: Acrylnitril — Styrol; Acrylnitril — 2-Methyl-5-vinylpyridin; Acrylnitril — Vinylacetat.

Die Bildung von Pfropfketten aus den Ausgangsmonomeren[150] wird zum Beispiel dadurch bestätigt, daß bei der Pfropfung von Acrylnitril-Gemischen mit anderen Monomeren (bei einem Gehalt von weniger als 80% Acrylnitril im Gemisch) auf Zellulose die Pfropfkette in Aceton löslich ist, während sich das Polyacrylnitril in Aceton nicht löst.

Von großem Interesse ist der bei der Pfropfung verschiedener binärer Gemische festgestellte synergistische Effekt. Unter einheitlichen Durchführungsbedingungen der Pfropfung von binären Monomerengemischen ist die Menge des gebildeten Propfcopolymeren beträchtlich höher als bei der Pfropfung der einzelnen Monomeren. So werden zum Beispiel unter Bedingungen, bei denen Vinylacetat oder Styrol überhaupt nicht auf Zellulose pfropft und die aufgepfropfte Polyacrylnitrilmenge nur 30 bis 88% beträgt, aus einem Acrylnitril-Styrol-Gemisch 193% und aus einem Acrylnitril-Vinylacetat-Gemisch 214% Copolymer gepfropft[151]. Ein solcher synergistischer Effekt tritt nicht nur bei der Pfropfung auf Zellulose ein, sondern wird auch bei der Pfropfung mit anderen Polymeren im heterogenen Medium beobachtet.

Bei der Pfropfung aus einem binären Monomerengemisch tritt dieser Effekt unter folgenden Bedingungen ein:
— hohe Geschwindigkeit der Umsetzung des Monomeren I mit den Makroradikalen der Zellulose, verglichen mit Monomer II,
— hohe Diffusionsgeschwindigkeit der Monomeren in die Faser,
— eines der zu pfropfenden Monomeren bildet mit dem Zellulose-Makroradikal ein schwach aktives Radikal.

Die Erhöhung der Pfropfpolymermenge bei der Pfropfung eines Monomerengemisches und die in einer Reihe von Fällen beobachteten synergistischen Effekte lassen sich durch zwei Faktoren erklären:
— durch die Erhöhung der Zahl der Pfropfketten (resultierend aus der Heraufsetzung der Initiierungseffizienz) und
— die Heraufsetzung des Polymerisationsgrades der gepfropften Ketten (Erhöhung der Wachstumsgeschwindigkeit der Pfropfketten des Copolymers).

Diese Schlußfolgerungen werden durch Tab. 2.4 bestätigt.

Tab. 2.4 Einfluß des Gehaltes an Acrylnitril im binären Monomerengemisch auf die Zahl der Pfropfketten und ihren Polymerisationsgrad

Gehalt an Acrylnitril im Monomerengemisch (%)	Menge des Pfropfcopolymeren, % von der Masse der Zellulose	Polymerisationsgrad der Pfropfkette	Zahl der Pfropfketten auf 1000 elementare Kettenglieder der Zellulose
0	27	1 394	0,307
16,2	92	3 132	0,550
42,7	121	5 225	0,480
63,5	128	7 950	0,340
100	85	1 420	1 840

Die Pfropfung des Monomerengemischs gibt die Möglichkeit, die Geschwindigkeit der Pfropfcopolymerisation zu erhöhen oder unter milderen Bedingungen ein Copolymer der Zellulose herzustellen, das die erforderliche Menge an gepfropftem synthetischen Copolymer enthält. Außerdem gelingt es unter diesen Bedingungen, Pfropfcopolymere zu synthetisieren, die in der Pfropfkette die schwierig zu pfropfenden Carboketten-Polymere (Polystyrol, Polyvinylacetat) enthalten.

Die Pfropfpolymerisation mit einigen Monomeren gibt bei der chemischen Modifizierung der Zellulose die Möglichkeit, Pfropfcopolymere mit verschiedener Struktur herzustellen. Solche Zellulose-Copolymere können schematisch folgendermaßen aufgebaut sein:

a ⊢A−B−A−A−B−A−B−B−

b ⊢A−A−A−A−B−B−B−B−

Dabei stellt ⊢ das Makromolekül der Zellulose dar; A und B stehen für die Monomeren, die für die Pfropfung eingesetzt werden. Im Fall a stellt die Pfropfkette ein statistisches Copolymer der Monomeren dar, in b ein gepfropftes Blockcopolymer. Ein solches Pfropfblockcopolymer wurde bereits hergestellt[152]. Für die nachträgliche Pfropfung wurde ein Zellulose-Copolymer mit Polyacrylnitril eingesetzt, das am Ende der Pfropfkette ein langlebiges Makroradikal besaß.

c ├–A–A–A–A–A–A–
   ├–A–A–A–A–A–A–
   ├–B–B–B–B–B–B–
   ├–A–A–A–A–A–A–

Pfropfcopolymere der Zellulose, die keine Pfropfketten von Copolymeren, sondern von einzelnen Polymeren enthalten — Beispiel c —, werden nach folgendem Schema hergestellt. In der ersten Reaktionsstufe wird nach der üblichen Methode der Radikalpolymerisation gepfropft. Die Reaktion wird unter Bedingungen durchgeführt, die gewährleisten, daß nicht alle möglichen Stellen im Zellulose-Molekül besetzt werden. Nach Beendigung dieser Reaktion und nach Entfernung des übrig gebliebenen Monomeren wird die Zellulose mit dem zweiten Monomeren umgesetzt. Unter diesen Bedingungen der Pfropfpolymerisation wird die Bildung von Pfropfketten ausgeschlossen, die Anteile von beiden Monomeren enthalten.

d ├–A–A–A–A–
       | |
       B   B–B–B–B–
       |
       B
       |
       B
       |

Pfropfcopolymere der Zellulose mit verzweigten Pfropfketten werden nach folgendem Schema erhalten: Zunächst wird auf die Zellulose ein Polymer gepfropft, das eine reaktionsfähige Gruppe enthält, die eine Komponente des Redoxsystems darstellen könnte. Dann wird das zweite Monomer zugegeben.

Ein großes wissenschaftliches und möglicherweise auch technisches Interesse hat die Erforschung der Eigenschaften von Pfropfcopolymeren der Zellulose mit zwei oder mehreren Polymeren, die eine einheitliche Menge Pfropfketten dieser Polymeren enthalten, die aber analog d aufgebaut sind.

3.1 Untersuchung der Topochemie des Pfropfprozesses

Die Pfropfung des synthetischen Polymers auf der Zellulose kann erfolgen

— an der Oberfläche der Faser oder
— an der Oberfläche der Elemente der supramolekularen Struktur oder
— an beliebigen Makromolekülen, die im Verbund vorhanden sind.

Auf diese Weise kann der Pfropfprozeß sowohl auf molekularem Niveau realisiert werden, als auch auf supramolekularem Niveau. In letzterem Fall wird die Pfropfung nur realisiert an den Makromolekülen, die sich an der Oberfläche der orientierten, supramolekularen Strukturen (Bündel, Kristallite) befinden. Offensichtlich beeinflußt die Stelle der Anlagerung der Pfropfketten — an der Oberfläche oder im Inneren der Faser, an der Oberfläche oder im Inneren der Elemente der supramolekularen Struktur — bei ein und derselben Menge des gepfropften Polymers die Eigenschaften der hergestellten Materialien wesentlich.

Die erforderliche Menge an Pfropfpolymer und die Lokalisation der Pfropfketten im Zellulose-Material werden in der Regel durch die mutmaßliche Verwendung der modifizierten Zellulose-Materialien bestimmt. Wie zum Beispiel später detaillierter gezeigt werden wird, braucht die Pfropfung nur an der Oberfläche der Fasern oder des Gewebes zu erfolgen, wenn es darum geht, ein Textil mit wasser- oder ölabweisenden Eigenschaften zu schaffen; dabei genügt es auch schon, eine kleine Menge Polymer anzulagern. Für die Einstellung anderer Eigenschaften, wie Nichtbrennbarkeit, Resistenz gegenüber Einwirkung von Mikroorganismen, Ionenaustauscher-Eigenschaften, muß die Pfropfung über den Faserquerschnitt erfolgen.

Der Grad des Ordnungszustandes der gepfropften Ketten ist in den verschiedenen Stadien des Prozesses der Pfropfpolymerisation verschieden. Anfänglich führt die Reaktion zu amorphen und wenig geordneten Bereichen der Zellulose, wobei noch eine Strukturauflockerung der Zellulose stattfindet[153]. Diese Feststellung basiert auf experimentellen Daten, die bei der Analyse mit verschiedenen Methoden erhalten wurden, wie Formylierung; Sorption von Feuchtigkeit, Farbstoff und Iod; Ermittlung der Faserdichte und ihrer Quellungswärme in Wasser[154].

Wenn die Pfropfung in geordneten Strukturbereichen der Zellulose stattfindet, wird die Zellulose zur Matrix. Die Orientierung der Pfropfketten in der Zellulose-Matrix kann nur erfolgen, wenn das Polymer nicht im eigenen Monomer quillt, z.B. Polyacrylnitril, Polyvinylchlorid. Die Orientierung solcher Pfropfketten wurde röntgenographisch und durch Bestimmung des Dichroismus im IR-Bereich nachgewiesen[155]. Dabei ergab sich, daß der Orientierungsgrad der Pfropfketten um so größer ist, je größer der Orientierungsgrad (der Kristallisationsgrad) der Ausgangszellulose ist[156]. Der Orientierungsgrad der kristallisierten Polymere (Polyvinylidenchlorid) ist beträchtlich höher als der Orientierungsgrad der nichtkristallisierten Polymere (Polyacrylnitril)[157]. Bei der Erhöhung der Pfropfpolymermenge erreicht der Pfropfprozeß nicht nur die amorphen, sondern auch die kristallisierten Bereiche der Zellulose. Er findet also in molekularen Dimensionen statt.

Zum Studium der Verteilung des gepfropften Copolymers in der Faser dienen die Formen der Faserquerschnitte und ihre Anfärbbarkeit sowie auch elektronenmikroskopische Untersuchungen[158]. Exakte Aussagen sind z.Z. aber noch schwierig. — Wenn die Pfropfung in wäßrigen Lösungen oder Emulsionen des Monomers stattfindet, d.h. in dem Medium, in dem die hydrophilen Zellulose-Fasern, insbesondere die Hydratzellulose-Fasern, stark quellen, dann erfolgt die Pfropfung in der ganzen Fasermasse. Die Pfropfung an der Oberfläche der Fasern wird durch Einwirkung von Dämpfen hydrophober Monomere auf die Fasern erzielt, die vorher mit der Initiatorlösung getränkt wurden. Die Diffusion eines solchen Monomeren in das Faserinnere ist erschwert. Deshalb verläuft der Pfropfprozeß hauptsächlich an der Oberfläche der Fasern, was zu entsprechenden Eigenschaftsänderungen führt.

Die Topochemie des Pfropfprozesses wirkt sich in erster Linie in den thermomechanischen Eigenschaften der modifizierten Zellulose aus, nämlich in der Fließbarkeit und der Glasumwandlungstemperatur. Bei der Pfropfung in molekularen Dimensionen wird die Glasumwandlungstemperatur herabgesetzt, so wie bei der gemeinschaftlichen Plastifizierung mit einem Polymer durch niedermolekulare Verbindungen, und zwar proportional zur Menge der Pfropfkomponente[159]. In diesem Fall ist der Plastifizierungseffekt, der durch Pfropfung eines flexibelkettigen Polymers erreicht wird, analog dem Resultat, das bei der mechanischen Vermischung der Polymere erhalten wird. Wenn der Pfropfprozeß dagegen auf supramolekularem Niveau stattfindet, ändert sich der Charakter des Produktes in Abhängigkeit von der Menge des Pfropfpolymers stark[160] (Abb. 2.4).

Die ermittelten Glasumwandlungstemperaturen ermöglichen in der Mehrzahl der Fälle in Verbindung mit der Pfropfmenge bereits eine Aussage über die Verteilung der Pfropfketten.

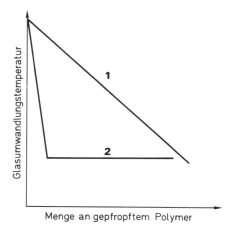

Abb. 2.4 Abhängigkeit der Glasumwandlungstemperatur von der Pfropfcopolymermenge nach der Pfropfung auf molekularem **1** und supramolekularem Niveau **2**

4. Durchführungsbedingungen des Pfropfprozesses

Die richtige Auswahl der Zellulose-Materialien, der Hilfsmittel, des technologischen Prozesses und seiner apparativen Gestaltung bestimmen die jeweiligen Ergebnisse.

Zur Wahl des Prozesses bedarf es der Festlegung, welches Ausgangsmaterial für die Pfropfung genommen werden soll:

— Fasern für Vliesstoffe oder zu nachfolgender Verarbeitung zu Garnen, aus denen dann Gewebe bzw. Strickwaren hergestellt werden oder
— Gewebe, Strickwaren bzw. Vliesstoffe.

In der Regel werden Zellulose-Fasern — native oder Chemiefasern — gepfropft und nur in Ausnahmefällen die textilen Flächengebilde. Der Grund hierfür liegt in der höheren Gebrauchstüchtigkeit (Festigkeit) der Textilien, die aus gepfropften Fasern hergestellt werden können. Tab. 2.5 enthält einige Angaben über die Änderung der Höchstzugkraft und der Weiterreißfestigkeit von vergleichbaren Geweben[161].

Tab. 2.5 Änderung der Höchstzugkraft von Garnen und der Weiterreißfestigkeit von Geweben aus Viskosefasern in Abhängigkeit von der Pfropfung (17 % Polymer)

Material	Höchstzugkraft der Kettgarne (mPa)	Weiterreißfestigkeit der Gewebe (mPa)	
		in Kettrichtung	in Schußrichtung
Gewebe aus nichtmodifizierter Viskosefaser	4,98	0,32	0,43
Gewebe aus modifizierter Viskosefaser			
Pfropfung an der Faser	4,10	0,38	0,38
Pfropfung am Gewebe	4,36	0,15	0,15

Die gewisse Erniedrigung der substanzbezogenen Festigkeit durch die Faservergrößerung bei der Pfropfung mit Polymer läßt sich leicht durch die Änderung der Struktur (speziell der Dichte) des hergestellten Gewebes kompensieren. Bei der Pfropfung auf das fertige Gewebe ist eine solche Änderung der Struktur nicht mehr möglich.

Bei sehr dichten Geweben, z.B. bei Planen, bei denen die Diffusion des Materials in das Innere äußerst erschwert ist, läßt sich eine gleichmäßige Pfropfung am fertigen Gewebe überhaupt nicht durchführen. Um solche modifizierten Textilien herzustellen, werden die Fasern oder die Garne gepfropft.

Zur Pfropfung von synthetischen Polymeren auf Zellulose können folgende technologische Methoden angewendet werden:

— Behandlung mit dem reinen Monomer, in flüssiger Phase oder in Dampfform;
— Behandlung mit Monomer-Lösungen in organischen Lösungsmitteln;
— Behandlung mit wäßrigen Lösungen oder Emulsionen des Monomeren.

Die Behandlung der Zellulose mit dem reinen Monomer in flüssiger Phase ist unzweckmäßig, weil eine gewisse Menge des Monomeren auf der Faser oder dem Gewebe festgehalten wird und die Notwendigkeit entsteht, das Monomer zu regenerieren. Möglich erscheint jedoch[162], hydrophobe Monomeren einzusetzen, in denen der verwendete Initiator unlöslich ist. In diesem Falle wird die Möglichkeit zur Bildung von Homopolymer, die aus der Umsetzung des Initiator-Radikals mit dem Monomeren in der Lösung resultiert, stark herabgesetzt, ja zuweilen sogar völlig ausgeschaltet. Bei dieser Variante wird das Zellulose-Material, das vorher mit der wäßrigen Initiator-Lösung behandelt und dann ausgepreßt wurde, der Einwirkung des reinen Monomeren ausgesetzt. Der Überschuß desselben wird abgegossen. Das auf dem Material verbliebene Monomer wird mit Wasserdampf übergetrieben. Dabei wird analog dem Verfahren gearbeitet, bei dem das hydrophobe Verdünnungsmittel bei der Acetylierung der Zellulose im heterogenen Medium in Gegenwart von Tetrachlorkohlenstoff oder Benzol übergetrieben wird[3] (S. 466).

Eine weit aussichtsreichere Pfropfmethode ist die Einwirkung von Monomerdämpfen auf das Zellulose-Material, das vorher mit der Initiator-Lösung behandelt wurde. Dabei wird die Menge des in den Reaktor eingebrachten Monomers herabgesetzt, die Bildung von Homopolymer völlig ausgeschaltet und eine hohe Reaktionsgeschwindigkeit eingestellt. Wenn die Reaktion in einer geschlossenen Apparatur im Vakuum durchgeführt wird, kann unter Änderung des Restdrucks der Druck der Monomerdämpfe und damit auch die Reaktionstemperatur reguliert werden. Wie bereits erwähnt wurde, ist die apparative Gestaltung des Prozesses schwierig. Aussichtsreich ist die kontinuierliche Gestaltung des Pfropfprozesses, wobei das mit dem Initiator behandelte Material durch eine Kammer geführt wird, die mit Monomerdämpfen angefüllt ist. Für die praktische Realisierung dieses Verfahrens ist es erforderlich, eine Apparatur einzusetzen, in der der kontinuierliche Zutritt und Austritt des Zellulose-Materials unter Bedingungen gewährleistet ist, bei denen die Monomerdämpfe nicht aus der Reaktionskammer herausdiffundieren.

Die Anwendung von Monomerlösungen in organischen Lösungsmitteln ist unzweckmäßig und nicht ökonomisch. Sie bietet auch keinen Vorteil gegenüber der Behandlung mit reinem Monomer. Sie führt zu einem komplizierten Regenerierungsprozeß. Das günstigste Verfahren ist die Pfropfung aus wäßrigen Lösungen oder Emulsionen des Monomers. Wenn das Monomere wasserunlöslich ist oder sich nur wenig darin löst, wie zum Beispiel das Acrylnitril (Löslichkeit in Wasser 7% bei 20 °C), dann ist es zweckmäßig, eine wäßrige Emulsion zu verwenden. Die Konzentration des Monomeren in der wäßrigen Phase der Emulsion bleibt im Verlauf des ganzen Prozesses konstant, ungeachtet des kontinuierlichen Verbrauchs des Monomeren, das zur Pfropfpolymerisation verwendet wird.

Die Pfropfung aus einer wäßrigen Emulsion des Monomeren kann sowohl diskontinuierlich als auch kontinuierlich erfolgen. Der diskontinuierliche Prozeß erfolgt in großen, geschlossenen Apparaten, die an solche erinnern, die zum Färben von Fasern und Geweben unter Druck oder für die Acetylierung von Zellulose im heterogenen Medium eingesetzt werden. In diesen Apparaten kann dank der intensiven Zirkulation der Lösung eine ge-

50 Chemische Modifizierung der Zellulose durch Block- und Pfropfpolymerisation

nügend gleichmäßige Behandlung des Materials und damit eine gleichmäßige Pfropfung der Zellulose-Fasern erreicht werden.

Einige Typen gepfropfter Zellulose, von denen die meisten erst in den letzten Jahren im wissenschaftlichen Laboratorium des Moskauer Textilinstituts hergestellt wurden, enthält Tab. 2.6.

Tab. 2.6 Einige Typen von Pfropfcopolymeren der Zellulose, die durch Radikal-Pfropfpolymerisation hergestellt wurden

Gepfropftes Monomer	Besondere Eigenschaften des erhaltenen Produktes
Acrylnitril	nichtbrennbare, lichtstabile Materialien und modifizierte Chemiefasern mit verbesserten Eigenschaften
Acrylsäure und Methacrylsäure	Materialien mit Kationenaustauscher-Eigenschaften und erhöhter Abriebfestigkeit
Methylvinylpyridin	Materialien mit Anionenaustauscher-Eigenschaften
Styrol	wasserabweisende Materialien mit erhöhter Säurefestigkeit
fluorhaltige Monomere	öl- und wasserabweisende Materialien, sowie auch Materialien mit erhöhter Säurefestigkeit
Butylacrylat	Thermoplaste mit erhöhter Hydrophobizität
Vinylidenchlorid, Vinylphosphinsäure oder deren Ester	nichtbrennbare Materialien
Chloropren, Isopren	hydrophobe Materialien mit erhöhter Kautschuk-Adhäsion, wasser- und säurefest

Kapitel 3
Einführung verschiedener funktioneller Gruppen in das Zellulose-Makromolekül

Von den zahlreichen Methoden, nach denen sich Zellulose-Derivate mit verschiedenen funktionellen Gruppen darstellen lassen, eignen sich für die betriebliche Praxis am besten die Ether- und die Ester-Bildung, die Alkylierung sowie die Synthese von Pfropfcopolymeren, die die funktionellen Gruppen in den aufgepfropften Ketten enthalten.

Es sei jedoch gleich hier darauf hingewiesen, daß ein und dieselbe funktionelle Gruppe je nach dem Verfahren, das angewendet wird, unterschiedliche Stellungen im Zellulose-Makromolekül einnehmen kann. Sie kann sowohl Bestandteil des Grundbausteins als auch der aufgepfropften Kette werden. Die entstehenden Zellulose-Derivate können deshalb erhebliche Unterschiede in ihren Eigenschaften bzw. der Reaktionsfähigkeit ihrer funktionellen Gruppen aufweisen. Deshalb ist eine systematische Untersuchung des Einflusses, den die Stellung der funktionellen Gruppe im Makromolekül des Zellulose-Derivats auf dessen chemische, physikalisch-chemische und mechanische Eigenschaften ausübt, von großem Interesse.

1. Carbonyl-Gruppen

Aldehyd-Gruppen enthaltende Zellulose-Derivate lassen sich durch selektive Oxidation, durch Alkylierung und durch Umwandlung verschiedener funktioneller Gruppen darstellen.

In Gegenwart von Oxidationsmitteln, die auf die Zellulose selektiv einwirken (Iodsäure, Bleitetraacetat), wird die α-Glykol-Gruppe der Zellulose-Grundeinheit oxidiert, wobei der Pyranose-Ring gesprengt und die sog. Dialdehydzellulose gebildet wird[163]. Für die Dialdehydzellulose ist die sehr geringe Beständigkeit der Acetal-Bindungen zwischen den Elementargliedern ihres Makromoleküls bei Einwirkung verdünnter Alkali-Lösungen und sogar von heißem Wasser charakteristisch. Darin muß auch die Erklärung dafür gesehen werden, daß die Aldehydzellulose, obwohl sie die reaktionsfähige Aldehyd-Gruppe besitzt, die sie zu zahlreichen Umwandlungen befähigt, keine praktische Bedeutung erlangt hat.

Durch Einwirkenlassen selektiver Oxidationsmittel, wie DMSO und Chlorbenzotriazol, auf ein Zellulose-Derivat, dessen sekundäre Hydroxy-Gruppen gegen Oxidation geschützt sind (2,3-Di-O-phenylcarbamoylzellulose), ist es gelungen, 6-Monoaldehydzellulose zu erhalten, deren Substitutionsgrad, bezogen auf die Aldehyd-Gruppen, 0,5 betrug[24]. Niedrigsubstituierte Monoaldehydzellulose wurde auch durch Photolyse von 6-Azido-6-desoxyzellulose erhalten[164]:

Als die Eigenschaften der 6-Aldehydzellulose untersucht wurden, die als Modell für die z.B. bei der Zellstoff-Bleiche entstehenden Strukturfragmente dient, wurde gefunden, daß durch die Bildung von Aldehyd-Gruppen am C6-Atom der Zellulose-Grundeinheit die Verfärbung bei thermischer Behandlung intensiver wird, weil es zur β-Eliminierungsreaktion kommt. Außerdem wird dadurch die Geschwindigkeit der Säurehydrolyse erhöht[165].

Wird das Pfropfcopolymere der Zellulose und des Polymethylvinylpyridins mit Monochloracetaldehyd N-alkyliert, bildet sich ein Copolymeres, das in der aufgepfropften Kette bis zu 4,6% Aldehyd-Gruppen enthält[166]:

Die Aldehyd-Gruppen lassen sich auch durch nachträgliche Umwandlung von Nitril-Gruppen des Zellulosecyanethylethers nach der Stephen-Reaktion einbauen[167,168]:

Zellulose—O—CH$_2$—CH$_2$—CN $\xrightarrow{SnCl_2, HCl}$ Zellulose—O—CH$_2$—CH$_2$—CHO + NH$_3$

Nach diesem Schema konnten allerdings nur 10% der insgesamt im Zellulosecyanethylether vorhandenen Nitril-Gruppen umgewandelt werden. Der im Reaktionssystem anwesende Chlorwasserstoff verursacht einen beträchtlichen Abbau der Zellulose und schließt die Möglichkeit aus, die Reaktion bei höheren Temperaturen durchzuführen[168].

Die im Makromolekül der modifizierten Zellulose vorhandenen Aldehyd-Gruppen bieten die Möglichkeit für weitere chemische Umwandlungen. So ist es möglich, durch Umsetzen von Aldehyd-Derivaten der Zellulose mit Dimethylphosphit flammfeste Produkte zu erhalten[169].

Beim Behandeln der Aldehydzellulose mit Hydroxylamin wird das Dioxim der Dialdehydzellulose mit Substitutionsgraden von 0,5 bis 0,7 erhalten[170]:

Carbonyl-Gruppen 53

Das Dioxim ist gegenüber kochendem Wasser sowie verdünnten Alkalien bei Zimmer-, besonders aber bei höheren Temperaturen unbeständig. Über andere Derivate der Dialdehydzellulose s. S. 60.

Durch Reduktion der Oximid-Gruppen ist der Einbau von aliphatischen Amino-Gruppen in das Makromolekül der modifizierten Zellulose möglich[170]:

$$\begin{array}{c}\text{CH}_2\text{OH}\\ \diagup\text{O}\diagdown\text{O}-\\ \text{HC}\quad\text{CH}\\ \|\quad\|\\ \text{HON}\quad\text{NOH}\end{array} \xrightarrow{[H]} \begin{array}{c}\text{CH}_2\text{OH}\\ \diagup\text{O}\diagdown\text{O}-\\ \text{H}_2\text{C}\quad\text{CH}_2\\ |\quad|\\ \text{H}_2\text{N}\quad\text{NH}_2\end{array}$$

Beim Reduzieren mit Natriumamalgam bzw. mit wäßrigen Borhydrid-Lösungen ist es gelungen, bis zu 25% der insgesamt vorhandenen Oximid-Gruppen zu reduzieren[170]. Dieses Verfahren zum Einbau von Amino-Gruppen in das Zellulose-Makromolekül ist aber wegen seiner Umständlichkeit für die technische Anwendung nicht geeignet.

Das erste bekanntgewordene Verfahren zur Synthese von Keto-Gruppen enthaltenden Zellulose-Derivaten war die von Staudinger vorgeschlagene Acylierung der Zellulose mit einem Gemisch aus Essigsäureanhydrid und Acetoessigsäure, die zur Bildung eines gemischten Esters führt, in dem Acetoessig- und Essigsäure-Reste enthalten sind[171].

Neben dem Zelluloseacetoacetat sind auch noch andere Zelluloseester mit Keto-Gruppen im Acyl-Radikal dargestellt worden. Das sind vor allem Zelluloselävulinate[172], die sich bei der Umsetzung eines niedrigsubstituierten Zelluosexanthogenats mit dem Lävulinsäurechloranhydrid an der Phasengrenze bilden:

$$\left[C_6H_7O_2(OH)_{2,5}-\left(\begin{array}{c}O-C-SNa\\ \|\\ S\end{array}\right)_{0,5}\right]_n \xrightarrow{\begin{array}{c}H_3C-C(CH_2)_2-CCl\\ \|\quad\quad\|\\ O\quad\quad O\end{array}}$$

$$\left\{C_6H_7O_2(OH)_{2,5-x}-\left(\begin{array}{c}O-C-SNa\\ \|\\ S\end{array}\right)_{0,5}-\left[\begin{array}{c}O-C-(CH_2)_2-C-CH_3\\ \|\quad\quad\quad\|\\ O\quad\quad\quad O\end{array}\right]_x\right\}_n$$

$$\xrightarrow{H^+} \left\{C_6H_7O_2(OH)_{3-x}-\left[\begin{array}{c}O-C-(CH_2)_2-C-CH_3\\ \|\quad\quad\quad\|\\ O\quad\quad\quad O\end{array}\right]_x\right\}_n$$

Sie entstehen auch beim Acylieren der Zellulose mit einem Gemisch aus Lävulinsäure und Essigsäureanhydrid:

$$[C_6H_7O_2(OH)_3]_n \xrightarrow{\begin{array}{c}(H_3C-C)_2O\ +\ H_3C-C(CH_2)_2-COH\\ \|\quad\quad\quad\quad\|\quad\quad\quad\|\\ O\quad\quad\quad\quad O\quad\quad\quad O\end{array}}$$

$$\left\{C_6H_7O_2-\left(\begin{array}{c}O-C-CH_3\\ \|\\ O\end{array}\right)_{3-x}-\left[\begin{array}{c}O-C-(CH_2)_2-C-CH_3\\ \|\quad\quad\quad\|\\ O\quad\quad\quad O\end{array}\right]_x\right\}_n$$

sowie bei der nukleophilen Substituierung der Tosyloxy-Gruppe im Zellulosetosylat bei dessen Behandlung mit Natriumlävulinat:

$$\text{Zellulose}-\text{OTs} \xrightarrow{\underset{O}{H_3C-\underset{\|}{C}(CH_2)_2-}\underset{O}{\overset{}{\underset{\|}{C}}ONa}} \text{Zellulose}-O-\underset{\underset{O}{\|}}{C}-(CH_2)_2-\underset{\underset{O}{\|}}{C}-CH_3$$

Eine interessante Methode, nach der sich Keto-Gruppen einführen lassen, ist die polymeranaloge Umwandlung der Dreifachbindung in Acyl- und Alkyl-Radikalen von Zelluloseethern und -estern. So wird z.B. bei der Behandlung von Zellulosepropiolat mit einer wäßrigen Quecksilberacetat-Lösung die Dreifachbindung quantitativ hydratisiert, wobei der Zelluloseester der Pyroweinsäure entsteht[173]:

$$\text{Zellulose}-O-\underset{\underset{O}{\|}}{C}-C\equiv CH \xrightarrow{H_2O, Hg(OAc)_2} \text{Zellulose}-O-\underset{\underset{O}{\|}}{C}-\underset{\underset{O}{\|}}{C}-CH_3$$

Durch Hydratisieren der Dreifachbindung der Propin-2-ylzellulose wurde die 2-Oxopropylzellulose erhalten[174]:

$$\text{Zellulose}\;O-CH_2-C\equiv CH \xrightarrow{H_2O, Hg(OAc)_2} \text{Zellulose}-O-CH_2-\underset{\underset{O}{\|}}{C}-CH_3$$

Der Einbau von Keto-Gruppen gelang auch durch Aufpfropfen von Methylvinyl-Keton auf die Zellulose[175]:

$$\text{Zellulose}-OH \xrightarrow{n CH_2=CH-\underset{\underset{O}{\|}}{C}-CH_3} \text{Zellulose}-\cdots-\left[CH_2-\underset{\underset{\underset{O}{\|}}{C-CH_3}}{CH-}\right]_n\cdots$$

Nach dieser Methode ist ein Zellulose-Pfropfcopolymeres mit 5% Keto-Gruppen erhalten worden, was einem Aufpfropfen von 17% Polymethylvinyl-Keton entspricht.

In jüngster Zeit ist es gelungen (s. S. 8), die 2-Ketozellulose durch Oxidation von 6-O-Tritylzellulose mit Dimethylsulfoxid enthaltenden Systemen[21,22] sowie mit Chlorbenzoltriazol[23] zu synthetisieren.

2. Carboxy-Gruppen

Carboxy-Gruppen lassen sich in das Zellulose-Makromolekül durch selektive Oxidation, durch Ester-Bildung, durch Alkylieren und auch durch Synthese von Zellulose-Pfropfcopolymeren einführen.

Durch selektive Oxidation kann Monocarboxyzellulose erhalten werden, bei der sich die Carboxy-Gruppen in der Zellulose-Grundeinheit in Stellung 6 befinden:

Obwohl diese Synthese bereits vor 35 bis 40 Jahren durchgeführt wurde, erlangte das Derivat keine praktische Bedeutung, da es gegenüber verdünnten Alkalien und sogar gegenüber kochendem Wasser wenig beständig ist. Dies läßt sich auf die geringe Selektivität der Oxidation zurückführen. Die entstehenden Präparate enthalten geringe Mengen von Keto-Gruppen am C2-Atom.

Eine ketogruppenfreie Monocarboxyzellulose wurde durch Oxidation der Monoaldehydzellulose mit Natriumchlorit[25] erhalten. Die primären Hydroxy-Gruppen der Grundeinheit lassen sich zu Carboxy-Gruppen einstufig oxidieren, wenn in Phosphorsäure gelöste Zellulose mit Natriumnitrat behandelt wird[26].

Beim Oxidieren der Dialdehydzellulose mit Natriumchlorit entsteht die Dicarboxyzellulose, ein eigentümliches Zellulose-Derivat, in dem sich die Carboxy-Gruppen in den Stellungen 2 und 3 befinden:

·Das Einführen von Carboxy-Gruppen nach der Veresterungsmethode kann durch Umsetzen der Zellulose mit Anhydriden oder Chloranhydriden zweiwertiger Säuren erfolgen. So entstehen bei der Einwirkung von Phthalsäureanhydrid saure Ester mit freien Carboxy-Gruppen. Carboxy-Gruppen können in das Zellulose-Makromolekül auch durch Alkylierung eingebaut werden. Es resultiert ein Zelluloseether, die Carboxymethylzellulose. Das Natrium-Salz dieses Zellulose-Derivats ist wasserlöslich und wird als Klebstoff, als Hilfsmittel beim Erdölbohren und für viele andere Zwecke verwendet.

Carboxy-Gruppen enthaltende Derivate der Desoxyzellulose sind durch nukleophile Substituierung von Tosyloxy-Gruppen im Zellulosetosylat bzw. von Nitrat-Gruppen im Zellulosenitrat durch Iminodiessig- bzw. Anthranilsäure-Reste erhalten worden[48,52,176]:

Zellulose—OR $\xrightarrow{R(R^1)NH}$ Zellulose—N(R^1)R

R = —Ts, —NO$_2$ R = H

R = R^1 = —CH$_2$COOH   R^1 = —C$_6$H$_4$COOH

Diese Derivate sind als polymere Komplexbildner (Komplexone) interessant. Sie werden in großem Umfang in der analytischen Chemie zur Trennung verschiedener Metallionen (Cu^{2+}, VO^{2+}, Ni^{2+}, Be^{2+}) verwendet.

Von erheblichem Interesse ist die Herstellung von Ionenaustauschern durch Synthese von Pfropfcopolymeren aus Zellulose und Acryl- bzw. Methacrylsäure. Auf diesem Wege können bis zu 25% Carboxy-Gruppen eingeführt und so zellulosische Ionenaustauscher mit hoher Austauschkapazität erhalten werden. Zellulose-Materialien, in die durch Pfropfpolymerisation, anscheinend aber auch durch Alkylieren, nur kleine Mengen von Carboxy-Gruppen (1,8 bis 2% vom Zellulose-Gewicht) eingeführt wurden, sind wesentlich hygroskopischer. Auf diese Weise läßt sich das Wasseraufnahmevermögen von Baumwollgeweben von 6,8 auf 9,2% erhöhen. Außerdem lassen sich diese Textilien mit basischen Farbstoffen intensiv färben und ihre Beständigkeit wird gegenüber Mikroorganismen verbessert. Pfropfcopolymere der Zellulose, deren Carboxy-Gruppengehalt mehr als 15 bis 20% beträgt, sind in verdünnten Natriumhydroxid-Lösungen löslich. Dadurch wird ihre Anwendung verständlicherweise eingeschränkt. Zur Beseitigung dieses wesentlichen Nachteils wird gleichzeitig mit dem Aufpfropfen von carboxyhaltigen Polymeren auf das Zellulose-Makromolekül die Zellulose vernetzt. Dazu wird den zum Pfropfen notwendigen Monomeren — Acryl- bzw. Methacrylsäure — ein bifunktionelles Monomer, z.B. Divinylbenzol, zugesetzt. Es gewährleistet die Bildung von Vernetzungen zwischen den Zellulose-Makromolekülen oder den aufgepfropften Ketten. Schon ganz geringe Carboxy-Gruppengehalte von Zellulose-Pfropfcopolymeren bewirken eine merkliche Verbesserung der Scheuerfestigkeit.

Der Einfluß des Carboxy-Gruppengehaltes auf verschiedene Eigenschaften modifizierter Zellulose-Materialien ist in Abb. 3.1 schematisch wiedergegeben:

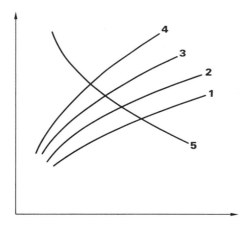

Abb. 3.1 Verschiedene Eigenschaften zellulosischer Materialien in Abhängigkeit vom Carboxy-Gruppengehalt des Makromoleküls der modifizierten Zellulose

1 Hygroskopizität
2 Aufnahmevermögen für basische Farbstoffe
3 Scheuerfestigkeit
4 Löslichkeit in 6%iger Natriumhydroxid-Lösung
5 Naßfestigkeit

Die für die Praxis am besten geeigneten Verfahren zur Einführung von Carboxy-Gruppen in das Zellulose-Makromolekül sind die Carboxymethylierung und das Aufpfropfen von Polyacrylsäure. Ein Nachteil der Carboxymethylierung liegt darin, daß das Zellulose-Material vorher mercerisiert werden muß. Die als Nebenreaktion verlaufende Umsetzung der Monochloressigsäure mit dem Alkali verursacht dann einen erhöhten Verbrauch an Alkylierungsmittel.

Die im Makromolekül der modifizierten Zellulose vorhandenen Carboxy-Gruppen liefern die Voraussetzungen für weitere Umwandlungen, von denen die Synthesen von Amiden carboxygruppenhaltiger Zellulose-Derivate sowie von Derivaten, die Hydroxamsäure-Reste enthalten, am interessantesten sind.

Die Amide der Carboxymethylzellulose lassen sich durch Einwirkung von Ammoniak auf Carboxymethylzellulosemethylether erhalten[177,178]:

Zellulose—O—CH₂—COH →[CH₂N₂] Zellulose—O—CH₂—COCH₃
         ‖   ‖
         O   O

→[NH₃] Zellulose—O—CH₂—C—NH₂
                         ‖
                         O

Es wurden auch *N*-substituierte Amide der Carboxymethylzellulose mit Glycin, ε-Aminocapron- und ω-Aminoönanthsäure hergestellt. Die Substitutionsgrade waren 0,50 bis 0,75[177]:

Zellulose—O—CH₂—COH →[SOCl₂] Zellulose—O—CH₂—CCl
         ‖   ‖
         O   O

→[H₂N(CH₂)ₙ—COCH₃ (O)] Zellulose—O—CH₂—C—NH(CH₂)ₙ—COCH₃
                                       ‖   ‖
                                       O   O

Beim Umsetzen von Carboxymethylzellulosemethylester mit Hydrazin wurden Carboxymethylzellulosehydrazide mit einem Substitutionsgrad von ca. 0,5 erhalten[178].

Hydroxamsäure-Reste enthaltende Zellulose-Derivate zeichnen sich durch ganz spezifische Komplexbildnereigenschaften aus. Sie werden beim Behandeln von Methylestern carboxyhaltiger Polysaccharide, z.B. von Dicarboxyzellulose mit Hydroxylamin erhalten[179]:

[Struktur: Dicarboxyzellulose mit H₃CO—C(=O) und C(=O)—OCH₃ Gruppen, →[NH₂OH] HOHN—C(=O) und C(=O)—NHOH Gruppen]

Interessanter erscheint es, die Hydroxamsäure-Reste durch polymeranaloge Umwandlung von Pfropfcopolymeren der Zellulose mit Polymethylmethacrylat herzustellen[180]. Dazu wird das Pfropfcopolymere der Zellulose mit Polymethylmethacrylat 4 bis 10 Stunden bei 20 bis 60 °C mit einer 10- bis 20%igen alkoholischen Hydroxylamin-Lösung behandelt:

Zellulose—···—O—CH₂—C(CH₃)(C=O—OCH₃)—CH₂—C(CH₃)(C=O—OCH₃)—··· →[NH₂OH] Zellulose—···—O—CH₂—C(CH₃)(C=O—NHOH)—CH₂—C(CH₃)(C=O—NHOH)—···

Ein analog aufgebautes Zellulose-Pfropfcopolymeres mit den Eigenschaften eines polymeren Komplexons wurde beim Behandeln des Zellulose-Polyacrylnitril-Pfropfcopolymeren mit Hydroxylamin bei 100 °C erhalten[182]. Unter diesen Bedingungen werden die Nitril-Gruppen nahezu quantitativ in amidoxim- und hydroxamsaure Gruppen umgewandelt:

$$\text{Zellulose}-\cdots-CH_2-CH-\cdots \atop |\ CN \quad \xrightarrow{NH_2OH} \quad \text{Zellulose}-\cdots-CH_2-CH-\cdots \atop {|\atop C-NHOH \atop \|\atop O}$$

$$\rightleftarrows \quad \text{Zellulose}-\cdots-CH_2-CH-\cdots \atop {|\atop C=NOH \atop |\atop OH}$$

Die Untersuchung der Kinetik und der Dynamik des Ionenaustauschs mit dem hydroxamsaure Gruppen enthaltenden Zellulose-Pfropfcopolymeren ergab[182], daß sich dieses polymere Komplexon zur Trennung von Gemischen verschiedener Ionen einsetzen läßt.

3. Nitril-Gruppen

Sehr interessant für die Modifizierung der Zellulose ist der Einbau von Nitril-Gruppen. Solche Zellulose-Derivate zeigen bereits bei einem ganz geringen Nitril-Gruppengehalt eine bedeutend höhere Beständigkeit gegen die Einwirkung von Mikroorganismen und den photochemischen Abbau. Durch die Einführung von Nitril-Gruppen, besonders wenn sie durch Aufpfropfen von Polyacrylnitril erfolgt, wird das gesamte Leistungsprofil der Regenerat-Zellulose-Fasern verbessert.

Die aussichtsreichsten Methoden zum Einführen von Nitril-Gruppen sind die Synthese von Zelluloseethern, die sich durch Umsetzung von Acrylnitril mit Zellulose in Gegenwart von Natriumhydroxid bilden (Cyanethylierung), und die Synthese von Pfropfcopolymeren aus Zellulose und Polyacrylnitril.

Die Cyanethylierung ist in zahlreichen Arbeiten amerikanischer und sowjetischer Forscher untersucht worden[183]. Die Zellulosecyanethylether haben erhöhte Thermostabilität, Säure- und Lichtbeständigkeit. Filme aus Cyanethylzellulose besitzen hohe Dielektrizitätskennwerte. Die Cyanethylierung der Zellulose in Gegenwart von Natriumhydroxid besitzt jedoch bedeutende Mängel. Sie setzen den technisch-ökonomischen Wert des Verfahrens stark herab. Zu diesen Mängeln zählen vor allem die in einer Nebenreaktion stattfindende Bildung von β,β'-Dioxydipropionitril und die Hydratation von Acrylnitril. Sie erhöhen den Acrylnitril-Verbrauch und machen die Beseitigung der Nebenreaktionsprodukte aus den Abwässern erforderlich. Dies ist wohl die Erklärung dafür, daß die Herstellung von modifizierten zellulosischen Materialien durch partielle Cyanethylierung keine große Verbreitung gefunden hat, obwohl mit der Ausarbeitung des Cyanethylierungsverfahrens bereits vor mehr als 40 Jahren begonnen und das Verfahren in den USA bis zur halbtechnischen Reife entwickelt wurde.

Mehr Aussicht auf Erfolg besitzt das Modifizieren der Zellulose durch Einführen von Nitril-Gruppen nach dem Pfropfcopolymerisationsverfahren. Wenn dies in einer wäßrigen Acrylnitril-Lösung bzw. Acrylnitril-Emulsion unter Bedingungen stattfindet, die Nebenreaktionen und die Bildung von Homopolymeren ausschließen, bleibt der Acrylnitril-Verbrauch angemessen und wird das Verfahren effektiv.

Andere Verfahren zur Herstellung von Nitril-Gruppen enthaltenden Zellulose-Derivaten haben nur theoretisches Interesse. Zu erwähnen ist die Dehydratation von Dialdehydzellulosedioximen mit Essigsäureanhydrid bei 100 °C in Gegenwart von Natriumacetat[184]:

[Structural formula: glucose unit with CH₂OH, O, and two HC=NOH groups] →(CH₃CO)₂O→ [glucose unit with CH₂OH, O, and two NC/CN groups]

Der maximal erreichbare Dehydratationsgrad der Oximid-Gruppen beträgt 55 bis 58% vom theoretisch möglichen. Das ist wahrscheinlich darauf zurückzuführen, daß diese Gruppen bei Bedingungen, unter denen die Dehydratation stattfindet, abgespalten werden. Der maximale Substitutionsgrad der sog. Dinitrilzellulose beträgt 0,18.

Cyanodesoxyzellulose mit einem Substitutionsgrad von ca. 0,4 ist durch Umsetzen von Chlordesoxyzellulose mit Kaliumcyanid erhalten worden[185]:

Zellulose—Cl $\xrightarrow{KCN}$ Zellulose—CN + KCl

Die Substituierung der Chlor-Atome durch Nitril-Gruppen geht bis zu 65%.

Es ist interessant, daß die nach diesem Verfahren erhaltene Cyanodesoxyzellulose mit einem Substitutionsgrad von 0,20 bis 0,25 in denselben Lösungsmitteln wie die Ausgangszellulose, insbesondere in Cuoxam und in quaternären Ammonium-Basen, löslich ist.

Der Einbau von Nitril-Gruppen kann aber auch nach der Sandmeyer-Reaktion vorgenommen werden, indem das Diazonium-Gruppen enthaltende Zellulose-Derivat mit Blausäure-Salzen umgesetzt wird[186]:

Zellulose—O—(CH₂)₂—S(O)(O)—⟨C₆H₄⟩—N₂Cl $\xrightarrow{KCN}$ Zellulose—O—(CH₂)₂—S(O)(O)—⟨C₆H₄⟩—CN

Aber auch dieses Verfahren kann, weil es relativ kompliziert ist, nicht für die Praxis empfohlen werden.

Interessant wäre es, die Eigenschaften verschiedener Nitril-Gruppen enthaltender Zellulose-Derivate (Cyanodesoxyzellulose, Cyanoethylether, Zellulose-Acrylnitril-Copolymere) miteinander zu vergleichen. Solche Vergleiche sind bisher noch nicht angestellt worden. Deshalb ist auch noch nichts Endgültiges über den Einfluß bekannt, den die Stellung der Nitril-Gruppe im Zellulose-Makromolekül auf die Eigenschaften der jeweiligen Substanzen hat. Die Kenntnisse, die zur Zeit vorliegen, lassen jedoch die Annahme zu, daß die Synthese von Pfropfcopolymeren der Zellulose das beste Verfahren ist, um Nitril-Gruppen einzuführen. In einzelnen Fällen, wie z.B. zur Herstellung von hydrophoben thermostabilen Zellulose-Derivaten, scheint aber die Cyanethylierung zweckmäßiger zu sein.

Die in die Makromoleküle der modifizierten Zellulose eingeführten Nitril-Gruppen bieten die Möglichkeit, noch weitere Umwandlungen vorzunehmen, von denen die Einführung von Aldehyd-Gruppen und von Hydroxamsäure-Resten am interessantesten ist (s. S. 51 ff und 54 ff).

4. Nitro-Gruppen

Zellulose-Derivate mit C—NO$_2$-Bindungen sind durch Umsetzen von Zellulosetosylat mit Natriumnitrit hergestellt worden[20]. Praktisches Interesse verdient im Hinblick auf weitere chemische Umwandlungen, insbesondere zur Herstellung von Amino-Derivaten (s. dazu S. 60 unten), die in [187] vorgeschlagene Methode zur Synthese von Zellulose-Derivaten durch Umsetzung von Dialdehydzellulose mit Nitromethan:

5. Amino-Gruppen

Amino-Gruppen enthaltende Zellulose-Derivate sind von erheblichem Interesse. Sie können als Anionenaustauscher dienen und lassen sich mit Säurefarbstoffen färben. Außerdem geben sie die Möglichkeit zum Übergang von der Zellulose zu den Polysacchariden, den Analoga der natürlichen biologisch aktiven Verbindungen.

Die Herstellung eines Zellulose-Derivats, in dem Amino-Gruppen direkt an Kohlenstoff-Atome der Grundeinheit gebunden sind, d.h. eines Mischpolysaccharids mit Aminodesoxy-zucker-Bausteinen, ist erstmals in [188] beschrieben worden. Durch Umsetzung von Zellulosenitrat mit einer Lösung von Natriumamid in flüssigem Ammoniak wurden Aminodesoxyzellulose-Präparate mit Substitutionsgraden bis 1,0 erhalten[189]:

$$\text{Zellulose—ONO}_2 \xrightarrow{\text{NaNH}_2} \text{Zellulose—NH}_2$$

Später ist durch nukleophile Substituierung der sekundären Sulfonyloxy-Gruppen in der 2(3)-O-Tosylzellulose bei Einwirkung von Ammoniak ein Mischpolysaccharid synthetisiert worden, das neben den Glucose-Einheiten mehr als 50% 3-Amino-3-desoxyaltrose-Einheiten sowie 2-Amino-2-desoxyglucose-Einheiten enthielt[49]:

Ein anderes Beispiel für die Darstellung von Amino-Gruppen enthaltenden Zellulose-Derivaten durch nukleophile Substituierung ist die Umsetzung der Chlordesoxyzellulose mit Ammoniak[190]. Der praktische Wert dieser Reaktion wird dadurch gemindert, daß zunächst Chlordesoxyzellulose bzw. das Zellulosetosylat hergestellt werden muß.

Für die Synthese von Amino-Gruppen enthaltenden Mischpolysacchariden sind auch Reaktionsprodukte der selektiven Zelluloseoxidation verwendet worden: Kondensation der Aldehydzellulose mit Nitromethan und nachfolgender Reduktion der Nitro- zu Amino-Gruppen[27], Kondensation des Dialdehydzellulosetritylesters mit p-Tolylhydrazin und nachfolgender Reduktion der Azo- zu Amino-Gruppen[191], Oximierung und nachträgliche Reduktion von Oximen und der Zellulose selbst (s. S. 53) als auch der 2,3-Di-O-Phenylcarbamoyl-6-aldehydzellulose[25]. Ein gemischtes Polysaccharid mit 6-Amino-6-desxyzellulose-Einheiten ist bei der Reduktion von 2,3-Di-O-phenylcarbamoyl-6-azido-desoxyzellulose mit Lithiumalanat (LiAlH$_4$) erhalten worden[192].

Über die Synthese von Alkyl(aryl)amino-Derivaten der Desoxyzellulose sowie von Derivaten, die N-alkylierte heterocyclische Basen (Pyridin, Piperidin, Picolin, Isochinolin) enthalten, siehe[6] (S. 444–446).

Beim Umsetzen von Alkalizellulose mit 5-Chlormethyl-8-oxychinolin ist es gelungen, einen Ether mit 8-Oxychinolin-Resten herzustellen[193]:

Dieser Ether besitzt Eigenschaften eines Komplexons. Er kann zur Trennung von Ionengemischen (Cu^{2+}, Ni^{2+}, Co^{2+}) eingesetzt werden.

Der einfachste und erfolgreichste Weg, Zellulose-Derivate mit Stickstoff enthaltenden Heteroringen herzustellen, ist die Pfropfcopolymerisation mit 2-Methyl-5-vinylpyridin (s. S. 100).

Die Herstellung von Zelluloseestern mit freien Amino-Gruppen durch direkte Veresterung ist mit erheblichen Schwierigkeiten verbunden, weil die Veresterungsmittel (Aminosäureanhydride bzw. -chloranhydride) nicht nur mit den Hydroxy-Gruppen des Zellulose-Makromoleküls reagieren, sondern auch Polyamide und Zellulose-Pfropfcopolymere bilden können. Um diese Nebenreaktionen auszuschalten, wurden als Acylierungsmittel Chloranhydride von N-substituierten Aminosäuren, insbesondere vom N-Carbobenzoxyglycin, der N-Carbobenzoxy-ϵ-aminoönanthsäure, des N-Phthalylglycins und der N-Phthalyl-ϵ-Aminoönanthsäure eingesetzt[194]. So lassen sich z.B. durch Verestern der Zellulose mit dem N-Carbobenzoxy-ϵ-aminoönanthsäurechloranhydrid Ester mit Substitutionsgraden zwischen 1,0 und 1,5 herstellen:

Zellulose—OH + ClC—(CH$_2$)$_6$—NH—CO—CH$_2$—C$_6$H$_5$
              ‖   ‖
              O   O

⟶ Zellulose—O—C—(CH$_2$)$_6$—NH—CO—CH$_2$—C$_6$H$_5$ + HCl
             ‖   ‖
             O   O

Als dann jedoch zur Gewinnung von Estern mit freien Amino-Gruppen, die Phthalyl- bzw. die Carbobenzoxy-Gruppen abgespalten wurden, setzte eine ziemlich weitgehende Verseifung der Ester ein.

Freie Amino-Gruppen enthaltende Zelluloseester mit Substitutionsgraden von 0,4 bis 0,6 wurden durch Verestern der Zellulose mit Aminosäurehydrochloriden bzw. Aminosäurechloranhydriden[195] hergestellt:

$$\text{Zellulose-OH} + \text{Cl}\underset{\underset{O}{\|}}{C}-(CH_2)_n-NH_2 \cdot HCl$$

$$\longrightarrow \text{Zellulose-O}-\underset{\underset{O}{\|}}{C}-(CH_2)_n-NH_2 \cdot HCl + HCl$$

Hierbei dient als Reaktionshilfe Pyridin, von dem der freiwerdende Chlorwasserstoff gebunden wird.

Nach dieser Methode lassen sich Ester beliebiger Aminosäuren darstellen, ausgenommen die Ester der α-Aminosäuren, die eine niedrigere Basizität besitzen als das Pyridin. Deshalb bleiben ihre Amino-Gruppen praktisch unblockiert und werden große Homopolyamid-Mengen gebildet.

Zelluloseester der α-Aminosäuren mit Substitutionsgraden von 0,25 bis 0,50 sind durch nukleophile Substituierung erhalten worden[196], indem Zellulosemesylacetat bzw. -tosylat mit dem Natrium-Salz der α-Aminosäure 2 bis 6 Stunden lang bei 120 bis 150 °C behandelt wurde.*

$$\text{Zellulose-OSO}_2\text{-R} \xrightarrow{\text{NaO}-\overset{\overset{O}{\|}}{C}-CH_2-NH_2} \text{Zellulose-O}-\underset{\underset{O}{\|}}{C}-CH_2-NH_2$$

Amino-Gruppen enthaltende Zelluloseether können z.B. durch Umsetzen von Zellulose mit Ethylenimin in Gegenwart von Alkali dargestellt werden[197]:

$$\text{Zellulose-OH} + \underset{NH}{\triangleleft|} \xrightarrow{\text{NaOH}} \text{Zellulose-O}-CH_2-CH_2-NH_2$$

Die hohe Toxizität des Ethylenimins und die Entstehung von Nebenprodukten erschweren die praktische Nutzung dieser Methode. Näheres über die Synthese von Zelluloseethern mit aliphatischen Amino-Gruppen siehe[6] (S. 411–413).

Die Einführung von Amino-Gruppen durch Pfropfcopolymerisation ist bisher noch nicht gelungen, obwohl es grundsätzlich möglich sein müßte, die Synthese durch Aufpfropfen von z.B. Polyvinylamin zu verwirklichen.

Aliphatische Amino-Gruppen lassen sich in das epoxygruppenenthaltende Pfropfcopolymere aus Zellulose und Glycidylmethacrylat einführen, indem dieses mit Ammoniak behandelt wird (s. S. 68).

Aufgrund des Gesagten kann gefolgert werden, daß es bisher noch keine geeignete Methode zur Einführung von aliphatischen Amino-Gruppen in das Zellulose-Molekül gibt. Am sinnvollsten scheinen die Synthese von Zellulose-Pfropfcopolymeren bzw. die Umwandlung der in das Zellulose-Makromolekül vorher eingeführten Epoxy-Gruppen zu sein.

---

* Nach dieser Methode lassen sich selbstverständlich auch Zelluloseester anderer Aminosäuren darstellen.

Amino-Gruppen 63

Die Einführung aromatischer Amino-Gruppen in das Zellulose-Makromolekül ist bisher nach zwei Methoden gelungen: durch Veresterung und durch Alkylierung. Der Versuch, aromatische Amino-Gruppen durch direkte Umsetzung der Zellulose mit Hydrochloriden aromatischer Aminosäuren einzubauen (s. die bereits besprochene Umsetzung mit aliphatischen Aminosäuren), blieb infolge der geringen Reaktionsfähigkeit der Chloranhydride aromatischer Aminosäuren und der niedrigen Basizität der aromatischen Amino-Gruppen ohne Erfolg[92]. Hingegen war es möglich, aromatische Amino-Gruppen nach der Veresterungsmethode durch Synthese von Zellulose-p-nitrobenzoaten und anschließender Reduktion der Nitro-Gruppen einzuführen[198]:

$$\text{Zellulose-OH} + \text{ClC(=O)-C}_6\text{H}_4\text{-NO}_2 \longrightarrow \text{Zellulose-O-C(=O)-C}_6\text{H}_4\text{-NO}_2$$

$$\xrightarrow{\text{Ti}^{3+}[\text{H}^+]} \text{Zellulose-O-C(=O)-C}_6\text{H}_4\text{-NH}_2$$

Als Reduktionsmittel dienten wäßrige Lösungen von Titan(TiCl$_3$)- bzw. Vanadium-Salzen (VSO$_4$). Bei 20 °C verläuft die Reaktion nahezu quantitativ, wobei Zelluloseester mit einem Substitutionsgrad von 2,8 entstehen. Die so synthetisierten Zelluloseester lassen sich zur Herstellung von chemisch gefärbten Zellulose-Fasern verwenden.

Ein Zelluloseether mit aromatischen Amino-Gruppen konnte durch die Umsetzung von Alkalizellulose mit p-Amino-ω-chloracetophenon dargestellt werden[98].

Der Einbau der aromatischen Amino-Gruppe durch Anlagerung einer eine aromatische Amino-Gruppe enthaltenden Vinyl-Verbindung wurde realisiert, indem die Zellulose in wäßrigem Medium in Gegenwart kleiner Alkalimengen mit 4-β-Oxyethylsulfonylanilin bzw. von 4-β-Oxyethylsulfonyl-2-aminoanisolsulfat umgesetzt wurde:

$$\text{Zellulose-OH} + \text{NaO}_3\text{SO-CH}_2\text{-CH}_2\text{-SO}_2\text{-C}_6\text{H}_4\text{-NH}_2 \xrightarrow{\text{Na}_2\text{CO}_3}$$

$$\text{Zellulose-OH} + \text{CH}_2\text{=CH-SO}_2\text{-C}_6\text{H}_4\text{-NH}_2 \longrightarrow \text{Zellulose-O-CH}_2\text{-CH}_2\text{-SO}_2\text{-C}_6\text{H}_4\text{-NH}_2$$

Das 4-β-Oxyethylsulfonylanilinsulfat ist in ausreichenden Mengen verfügbar. Es ist ein Zwischenprodukt bei der Herstellung von Remasolen, einer Reaktivfarbstoffart.

Durch den Einbau aromatischer Amino-Gruppen in das Makromolekül der modifizierten Zellulose könnten die Möglichkeiten für eine nachträgliche Umwandlung über diese Gruppen wesentlich vergrößert werden. Zu solchen Umwandlungen zählen die Substituierung der Diazo-Gruppe durch Thiocyan-, Thiol-, Sulfo- und andere Gruppen (nach der Sandmeyer-Reaktion) sowie die Verknüpfung der Diazo-Gruppe mit Azo-Komponenten, wobei chemisch gefärbte zellulosische Fasern erhalten werden[92].

Interessant dürfte auch die Nutzung des bei der Diazotiierung sowie bei der Abspaltung von Diazo-Gruppen entstehenden Radikals für die Initiierung der Pfropfcopolymerisation sein, weil hierbei keine Homopolymerbildung auftritt.

Von den anderen stickstoffhaltigen Zellulose-Derivaten ist jenes zu erwähnen, das durch Umsetzung eines gemischten Zelluloseesters mit Acetat- und Nitrat-Gruppen mit Acetonitril bzw. Malonnitril erhalten wurde[199]. Die Reaktion verläuft folgendermaßen:

Das Derivat mit seinen Acetat-, Nitrat- und Nitrit-Gruppen sowie den Kohlenstoff-Stickstoff-Doppelbindungen ist kompliziert aufgebaut.

6. Halogene

Das im Makromolekül der modifizierten Zellulose vorhandene Halogen erhöht die Wasserbeständigkeit des zellulosischen Materials (in einigen Fällen werden die Materialien sogar wasserabstoßend) und verbessert auch ihre Flammfestigkeit. Die Eigenschaften der Substanzen hängen in hohem Maße davon ab, welches Halogen in das Zellulose-Derivat eingeführt wurde. Geringe Fluor-Mengen führen zu ölabweisenden Eigenschaften von Fasern und Geweben, die Ölsorptionsfähigkeit wird verringert, und setzen die Anschmutzbarkeit mit organischen Substanzen herab[199]. Durch den Einbau von Chlor können solche Effekte nicht erzielt werden.

Für die Synthese von halogenhaltigen Zellulose-Derivaten eignen sich alle der modernen Zellulosechemie zur Verfügung stehenden Methoden. Nicht alle diese Verfahren haben jedoch Eingang in die Praxis gefunden. Die Synthese sowie einige Eigenschaften der wichtigsten Vertreter dieser Zellulose-Derivate werden z.B. im Buch „Zellulosechemie"[6] (S. 354, 417, 440—443) besprochen.

Von besonderem Interesse sind die Pfropfcopolymeren der Zellulose mit chlorhaltigen Monomeren, wie z.B. das Pfropfcopolymere der Zellulose mit Polyvinylidenchlorid[114]:

Zellulose– ··· –CH_2–CCl_2–CH_2–CCl_2– ···

Initiiert wird die Pfropfcopolymerisation durch die Abspaltung zuvor eingeführter Diazo-Gruppen. So lassen sich in das Zellulose-Makromolekül bis zu 20% Chlor einführen, was der Aufpfropfung von 43% Polymerem (bezogen auf die Zellulose-Masse) entspricht. Das Pfropfcopolymere der Zellulose mit Polyvinylidenchlorid besitzt eine 2- bis 2,5mal höhere Scheuerfestigkeit als die Ausgangszellulose. Wird in das Copolymere 30 bis 32% Chlor eingeführt, sind die daraus hergestellten Textilien unbrennbar.

Auch Pfropfcopolymere der Zellulose mit Polychloropren (zwischen 3 und 20 bis 25% Chlor) sind schon dargestellt worden[131]. Sie besitzen eine Reihe wertvoller Eigenschaften, darunter große Hydrophobie. Interessant ist auch die Synthese von Pfropfcopolymeren der Zellulose mit dem am leichtesten zugänglichen aller chlorhaltigen Monomere, dem Vinylchlorid.

Während die Synthese chlorhaltiger Zellulose-Derivate seit langer Zeit in verschiedenen Ländern untersucht wird, ist die Darstellung von Fluor-Derivaten relativ neu.

Aufgrund systematischer Untersuchungen, die auf diesem Gebiet in den letzten 10 Jahren im Forschungslaboratorium des Lehrstuhls für Chemiefasertechnologie am Moskauer Textilinstitut durchgeführt wurden, gelang es Zelluloseester der Perfluoralkansäuren[200], fluorhaltige Zelluloseether[201,202] und auch Fluordesoxy-Derivate der Zellulose[203] zu synthetisieren. Große Aufmerksamkeit wurde dabei der Ausarbeitung praktisch brauchbarer Verfahren zur Herstellung von Pfropfcopolymeren mit fluorhaltigen Monomeren gewidmet (s. S. 89).

7. Sulfat- und Sulfo-Gruppen

Der Einbau von Sulfat- und von Sulfo-Gruppen in das Zellulose-Makromolekül ist für die Synthese starker Kationenaustauscher interessant. Die Natriumsalze hochsubstituierter Zellulosesulfate sind wasserlöslich und können für die gleichen Zwecke wie andere Zelluloseester verwendet werden, z.B. Suspensionsstabilisatoren, Appreturmittel, Eindickungsmittel u.a.

Zellulose-Derivate mit Sulfat- bzw. Sulfo-Gruppen lassen sich nach Veresterungs- und Alkylierungsmethoden darstellen. Die Einführung von Sulfat-Gruppen durch Verestern mit Schwefelsäureanhydrid oder -chloranhydrid hat wegen des dabei stattfindenden erheblichen Abbaues der Zellulose keinen praktischen Wert. Zweifelsohne interessant ist aber die Veresterung der Zellulose in alkalischem Medium mit Natriumsulfofluorid[204]. Dabei ist der Abbau bedeutend geringer.

Zellulose-Derivate mit Sulfo-Gruppen können sowohl Zelluloseether als auch Zelluloseester sein. Die Darstellung von Zelluloseethern mit Sulfomethyl- und Sulfoethyl-Gruppen gelang beim Behandeln von Alkalizellulose mit Chlormethyl- bzw. Chlorethylnatriumsulfonat[205,206]. Sulfopropyl- und Sulfobutylether der Zellulose sind beim Behandeln der Zellulose mit entsprechenden Sulfonen (cyclischen Estern der α,ω-Oxyalkylsulfosäuren) in organischen Lösungsmitteln in Gegenwart von Natriumhydroxid erhalten worden[207].

Es wurden auch Zelluloseester mit bis zu 30 Sulfo-Gruppen je 100 Elementarglieder des Makromoleküls synthetisiert, in denen Aminoarylsulfosäure-Reste an die Zellulose über den Cyanurchlorid-Rest gebunden sind[208,209]:

Beim einmaligen Behandeln eines zellulosischen Materials, insbesondere eines Gewebes aus Viskosespinnfasern, mit einer wäßrigen Lösung eines Cyanurchlorid-Derivats (Reaktion 2) werden in das Zellulose-Makromolekül pro 100 Grundeinheiten bis zu 15 Sulfo-Gruppen eingeführt. Die Austauschkapazität eines solchen Derivats liegt bei 0,8 mmol·l^{-1}. Beim wiederholten Behandeln des Materials mit den genannten Lösungen kann die Anzahl der eingebauten Sulfo-Gruppen auf das 2- bis 3fache erhöht werden. Dabei erhöht sich die Austauschkapazität entsprechend.

Dieses Verfahren ist für die Praxis interessant, weil die Umsetzung sehr einfach ist und sich in Apparaturen durchführen läßt, die industriell zum Färben zellulosischer Textilien mit Reaktionsfarbstoffen eingesetzt werden und weil die Zellulose dabei nicht abgebaut wird.

N-arylsubstituierte Aminodesoxyzellulosen mit Sulfo-Gruppen sind dadurch erhalten worden, daß in Zellulosetosylaten die Sulfonyloxy-Gruppen durch nukleophile Substituierung gegen Aminobenzolsulfosäure-Reste ausgetauscht wurden[34].

Die Sulfo-Gruppen lassen sich auch durch Behandlung des Pfropfcopolymeren aus Zellulose und Polyglycidylmethacrylat mit Natriumsulfit einführen (s. S. 68 f). Das dabei entstehende Pfropfcopolymere ist auch ein Kationenaustauscher.

8. Thiol-Gruppen

Durch das Einführen von Thiol-Gruppen werden Derivate der Zellulose und anderer Polysaccharide erhalten, die als Elektronenaustauscher verwendet werden können. Der einfachste Vertreter dieser Derivate ist das Mischpolysaccharid, das neben den Glucose-Einheiten auch 2(3)-Thioglucose- und 3(2)-Thioaltrose-Einheiten enthält. Ein solches Produkt entsteht durch Öffnung der 2,3-Anhydro-Ringe und Umwandlung in 2,3-Anhydro-Derivate der Zellulose unter Einwirkung von Schwefelwasserstoff[210]:

$$\text{[Struktur: 2,3-Anhydro-Zellulose]} \xrightarrow{H_2S} \text{[Struktur: Thiol-Derivat mit SH und HO Gruppen]}$$

Ein anderes Beispiel dafür, wie ähnliche Zellulose-Derivate erhalten werden können, ist die von amerikanischen Forschern[211] verwirklichte Umsetzung von Zellulosetosylat mit Thiosulfat mit nachträglicher Umwandlung der eingeführten Gruppen. Einfacher[200] ist die Einführung von Thiol-Gruppen in rhodanidhaltige Zellulose-Derivate mit Thiocyanat-Gruppen, die anschließend umgewandelt werden. Wenn Zellulosenitrat in homogener Phase (in einer Aceton- oder Cyclohexanon-Lösung) mit Kaliumrhodanid behandelt wird, entsteht die Thiocyanatodesoxyzellulose (Substitutionsgrad von 0,5 bis 0,6) mit nicht umgesetzten Nitrat-Gruppen:

$$\text{Zellulose}{\Big\langle}{\overset{ONO_2}{\underset{ONO_2}{ONO_2}}} \quad \xrightarrow{KSCN} \quad \text{Zellulose}{\Big\langle}{\overset{ONO_2}{\underset{SCN}{ONO_2}}}$$

Wird diese Verbindung mit einer KHS-Lösung behandelt, so werden zwischen den Makromolekülen Disulfid-Bindungen gebildet und die Nitrat-Gruppen verseift. Die Reduktion des erhaltenen Disulfids mit einer 50%igen Natriumsulfit-Lösung führt zur Bildung von Thiol-Gruppen:

$$\text{Zellulose}{\Big\langle}{\overset{ONO_2}{\underset{SCN}{ONO_2}}} \xrightarrow{KHS} \text{Zellulose}{\overset{OH}{\underset{S}{\diagdown}}}{\overset{HO}{\diagup}}\text{Zellulose} \xrightarrow{Na_2SO_3} \text{Zellulose}{\Big\langle}{\overset{OH}{\underset{SH}{OH}}}$$

Nach diesem Schema sind thiolgruppenhaltige Desoxyzellulose-Derivate mit einem Substitutionsgrad von 0,2 erhalten worden.

Geringe Mengen von Thiol-Gruppen können in das Zellulose-Makromolekül durch Diazotieren der aromatischen Amino-Gruppen von Zelluloseestern und anschließende Umsetzung der Diazo-Gruppen mit Natriumdisulfid eingeführt werden:

$$\text{Zellulose}-O-CH_2-CH_2-\underset{O}{\overset{O}{\overset{\|}{\underset{\|}{S}}}}-C_6H_4-NH_2 \xrightarrow{NaNO_2, HCl} \text{Zellulose}-O-CH_2-CH_2-\underset{O}{\overset{O}{\overset{\|}{\underset{\|}{S}}}}-C_6H_4-N_2Cl$$

$$\xrightarrow{Na_2S} \text{Zellulose}-O-CH_2-CH_2-\underset{O}{\overset{O}{\overset{\|}{\underset{\|}{S}}}}-C_6H_4-SNa$$

Die Thiol-Gruppen lassen sich in das Zellulose-Makromolekül auch durch O-Alkylierung einführen. Beim Behandeln der Zellulose mit Ethylensulfid in Gegenwart von Natriumhydroxid entsteht der Zellulosethiolethylether[213]:

Zellulose—OH + (episulfide) $\xrightarrow{NaOH}$ Zellulose—O—CH$_2$—CH$_2$—SH

Als Nebenprodukt wird dabei das Polyethylensulfid erhalten. Weil es in keinem der bekannten Lösungsmittel löslich ist, läßt es sich nicht extrahieren. Allem Anschein nach entsteht auch Pfropfcopolymeres aus Zellulose und Polyethylensulfid.

9. Epoxy-Gruppen

Die Möglichkeiten für eine gezielte Beeinflussung der Eigenschaften von modifizierten Zellulosen werden durch eingeführte Epoxy-Gruppen wesentlich erweitert, weil diese zu den reaktionsfähigsten funktionellen Gruppen zählen.

Als ein die Epoxy-Gruppen unmittelbar in der Grundeinheit des Makromoleküls enthaltendes Zellulose-Derivat kann das Mischpolysaccharid angesehen werden, in dem Glucose- und 2,3-Anhydroglucose-Einheiten vorliegen. Seine Synthese wurde bereits besprochen (s. S. 62).

Zellulose-Derivate mit Epoxy-Gruppen lassen sich durch Alkylierung und Pfropfcopolymerisation darstellen.

Die Bildung von Zelluloseethern, die die Epoxy-Gruppen in *verdeckter* Form enthalten und einen Substitutionsgrad von 0,63 bis 0,85 aufweisen, wurde in [214] beschrieben. Solche Zelluloseether entstehen auch beim Behandeln der Zellulose mit Epichlorhydrin in Gegenwart von Säurekatalysatoren [Zn(BF$_4$)$_2$]:

Zellulose—OH $\xrightarrow{\text{epoxid—CH}_2\text{Cl}}$ Zellulose—O—CH$_2$—CH(OH)—CH$_2$Cl

Bei Behandlung des gebildeten 2-Oxy-3-chlorpropylzelluloseethers mit verdünnter Natriumhydroxid-Lösung bildet sich ein freie Epoxy-Gruppen enthaltender Zelluloseether:

Zellulose—O—CH$_2$—CH(OH)—CH$_2$Cl $\xrightarrow{NaOH}$ Zellulose—O—CH$_2$—(epoxid)

Für weitere Umwandlungen können sowohl Zelluloseether mit freien als auch *verdeckten* Epoxy-Gruppen verwendet werden.

Pfropfcopolymere der Zellulose mit Polyglycidylmethacrylat, die 13 bis 23% an aufgepfropfter Komponente enthalten, sind von japanischen[215] und von sowjetischen Forschern[216] hergestellt worden:

Zellulose—···—CH$_2$—C(CH$_3$)(O=C—O—CH$_2$—epoxid)—···

Die in den aufgepfropften Ketten dieses Zellulose-Copolymeren vorhandenen Epoxy-Gruppen lassen zahlreiche Umwandlungen zu, wie z.B.

— die Herstellung chemisch gefärbter Fasern, die aufgrund der Umsetzung der Epoxy- mit den Amino-Gruppen des Farbstoffes entstehen,

— ferner die Herstellung von zellulosischen Kationenaustauschern durch Umsetzung des Pfropfcopolymeren mit Natriumbisulfit (die Epoxy-Gruppen sind bei 100 °C bereits nach 1 Stunde nahezu quantitativ umgesetzt):

```
          CH3                              CH3
          |                                |
Zellulose—···—CH2—C—···    NaHSO3    Zellulose—···—CH2—C—···
          |            ─────────>              |
          O=CO—CH2—<|O                         O=CO—CH2—CH—CH2—SO3Na
                                                          |
                                                          OH
```

— die Herstellung von zellulosischen Anionenaustauschern durch Einführung von Amino-Gruppen:

```
          CH3                              CH3
          |                                |
Zellulose—···—CH2—C—···    NH3       Zellulose—···—CH2—C—···
          |            ─────────>              |
          O=CO—CH2—<|O                         O=CO—CH2—CH—CH2NH2
                                                          |
                                                          OH
```

Bei dieser Umsetzung mit Ammoniak werden allerdings nur 25% der theoretisch möglichen primären Amino-Gruppen gebildet. Dies ist im wesentlichen darauf zurückzuführen, daß das Ammoniak gleichzeitig mit Epoxy-Gruppen zweier benachbarter Makromoleküle reagieren kann, wobei zwischen ihnen chemische Bindungen entstehen.

Auf ähnliche Weise sind auch Zellulose-Derivate erhalten worden, die sekundäre (beim Umsetzen mit Monoethanolamin) bzw. tertiäre (beim Umsetzen mit Diethylamin) Amino-Gruppen enthalten.

Kationen- und Anionenaustauscher auf Basis modifizierter Zellulose lassen sich nach einem ähnlichen Schema durch chemische Umwandlung von Zelluloseethern darstellen, die Epoxy-Gruppen enthalten.

Zellulose-Derivate mit Komplexoneigenschaften wurden z.B. durch Umsetzen der 2-Oxy-3-chlorpropylzellulose mit Anthranilsäure synthetisiert:

```
                              COOH
                              /═\
                              |  |—NH2
                              \═/
Zellulose—O—CH2—CH—CH2Cl    ─────────>    Zellulose—O—CH2—CH—CH2NH—/═\—COOH
                |                                        |         \═/
                OH                                       OH
```

10. Doppelbindungen

Die Einführung von Doppelbindungen in das Zellulose-Molekül liefert Voraussetzungen für Anlagerungs- oder Substitutionsreaktionen[217].

Kaverzneva, Ivanov und Salova[62] haben ein Desoxyzellulose-Derivat, das die Doppelbindungen unmittelbar in der Makromolekül-Grundeinheit enthält, das sog. 5,6-Zellulosen, durch Behandeln der 6-Iod-6-desoxyzellulose mit absolutem Piperidin erhalten:

Einführung verschiedener funktioneller Gruppen in das Zellulose-Makromolekül

Diese Verbindung wurde dann benutzt, um verschiedene funktionelle Gruppen durch radikalische Anlagerung direkt in die Grundeinheit des Zellulose-Makromoleküls einzuführen (s. S. 78).

Zellulose-Derivate — oder genauer gesagt, Derivate der Mono-, Di- und möglicherweise auch der Tridesoxyzellulose — mit einem System konjugierter Doppelbindungen und Substitutionsgraden von 0,3 bis 1,9 sind von Polyakov, Derevitskaya und Rogowin[218,219] hergestellt worden. Sie gingen dabei vom Zellulosemethylxanthogenat bzw. -bisxanthogenat mit Substitutionsgraden zwischen 0,3 und 1,90 aus und arbeiteten nach dem Schema, das von Chugaev erstmals für die Darstellung von Derivaten der Methylxanthogensäure und der Terpenbisxanthogenate vorgeschlagen worden war[220]. Diese Verbindungen entstehen beim Zerfall des Zellulosemethylxanthogenats:

Die Zahl der Doppelbindungen im erhaltenen Produkt entsprach einer nach dem angeführten Schema verlaufenden Abspaltung von 60% der im Molekül des Zellulosemethylxanthogenats insgesamt vorhandenen Methylthiocarbon-Gruppen. Die Doppelbindungen im Produkt, das bei der thermischen Spaltung von Zellulosemethylxanthogenat entsteht, sind durch IR-spektroskopische Untersuchungen bestätigt worden[221]. Es konnte ferner gezeigt werden, daß das Reaktionsprodukt neben den Doppelbindungen auch noch eine bestimmte Anzahl Carbonyl-Gruppen enthält.

Diese Arbeitsweise wurde in letzter Zeit angewendet, um das 5,6-Zelluloseen und seine Acetylierungs-Derivate durch thermische Zersetzung von Zelluloseallyl- und -benzylxanthogenat zu erhalten[227].

Doppelbindungen lassen sich auch durch Veresterung, Alkylierung und durch nukleophile Substituierung einführen.

Die Veresterung der Zellulose mit dem Chloranhydrid der Acryl- bzw. Methacrylsäure führten Berlin und Makarova[223] nach folgendem Schema durch:

Aikhodzhaev, Pogosov und Mitarb.[224] wählten gängigere Methoden und stellten gemischte Ester her, die neben Zelluloseacetat geringe Mengen von Zelluloseestern verschiedener ungesättigter organischer Säuren enthielten. Sie synthetisierten Zellulose-Mischester folgender Zusammensetzung:

$$\left[C_6H_7O_2 - \left(O - \underset{\underset{O}{\|}}{C} - CH_3 \right)_{3-m} - \left(O - \underset{\underset{O}{\|}}{C} - CH = CH - R \right)_m \right]_n$$

R = H (Acetoacrylat), $-CH=CH-CH_3$ (Acetosorbat)

Beim Einbau von Resten höhermolekularer ungesättigter Säuren in das Zellulose-Makromolekül wird innere Plastifizierung beobachtet. So besitzen z.B. aus Zelluloseacetosorbaten erhaltene Folien ohne Weichmacherzusatz höhere Elastizität und bessere Dauerbiegefestigkeiten als Zellulosetriacetat-Folien.

Ein Zelluloseester mit Doppelbindungen konnte auch durch Umsetzen von Zellulosetosylat mit Natriumoleat durch nukleophile Substituierung erhalten werden[221].

Die Einführung von Doppelbindungen durch O-Alkylierung gelang beim Umsetzen von Epoxybutadien mit Zellulose[225]:

Zellulose−OH $\xrightarrow{\overset{O}{\triangle}-CH=CH_2, NaOH}$ Zellulose−O−CH$_2$−CH(OH)−CH=CH$_2$

Die Reaktion findet in Gegenwart geringer Natriumhydroxid-Mengen statt und führt zur Bildung eines Zelluloseethers mit einem Substitutionsgrad von 0,45.

Es wurden auch (s. S. 65) Pfropfcopolymere der Zellulose mit Polychloropren[181] und Polyisopren[226] synthetisiert. Solche Zellulose-Derivate enthalten eine größere Anzahl Doppelbindungen.

Durch nachträgliche Umwandlung von Zellulose-Derivaten mit Doppelbindungen gelingt es, in das Zellulose-Makromolekül die verschiedensten funktionellen Gruppen einzuführen. Beispiele für Umwandlungen des α-Oxy-2-vinylethylzelluloseethers sind:

Zellulose−O−CH$_2$−CH(OH)−CH=CH$_2$

$\xrightarrow{Br_2}$ Zellulose−O−CH$_2$−CH(OH)−CH(Br)−CH$_2$Br

$\xrightarrow{(SCN)_2}$ Zellulose−O−CH$_2$−CH(OH)−CH(SCN)−CH$_2$−SCN

$\xrightarrow{HPO(OCH_3)_2}$ Zellulose−O−CH$_2$−CH(OH)−CH$_2$−CH$_2$−P(=O)(OCH$_3$)$_2$

$\xrightarrow{(H_3C-CO-O)_2Hg}$ Zellulose−O−CH$_2$−CH(OH)−CH(O−CO−CH$_3$)−CH$_2$−HgO−CO−CH$_3$

So ist es gelungen, bis zu 31% Brom, 25,4% Quecksilber und beträchtliche Mengen Stickstoff, Schwefel und Phosphor einzuführen.

11. Dreifachbindungen

Zellulose-Derivate mit Dreifachbindungen können nach verschiedenen Reaktionen gewonnen werden.

Zelluloseester mit Dreifachbindungen sind z.B. beim Behandeln von Zellulose mit Propiolsäure bzw. mit ihrem Chloranhydrid erhalten worden[227]

$$\text{Zellulose-OH} \xrightarrow{\text{ClC(=O)-C}\equiv\text{CH}} \text{Zellulose-O-C(=O)-C}\equiv\text{CH}$$

und durch nukleophile Substituierung bei der Umsetzung von Zellulosetosylat mit dem Natrium-Salz der Propiolsäure:

$$\text{Zellulose-OTs} \xrightarrow{\text{HC}\equiv\text{C-C(=O)ONa}} \text{Zellulose-O-C(=O)-C}\equiv\text{CH}$$

Zelluloseether mit Dreifachbindungen wurden durch Umsetzen von Propargylbromid mit Alkalizellulose nach dem für die Herstellung von Zelluloseethern üblichen Schema dargestellt:

$$\text{Zellulose-OH} \xrightarrow{\text{BrCH}_2-\text{C}\equiv\text{CH, NaOH}} \text{Zellulose-O-CH}_2-\text{C}\equiv\text{CH}$$

Diese Derivate sind auch durch nukleophile Substituierung von Tosyloxy-Gruppen unter Einwirkung von Natriumpropargylat erhalten worden[174].

Die Synthese von Zellulose-Derivaten mit Dreifachbindungen (Ethynyl- und Phenylethynyldesoxyzellulose) wurde erstmals durch Umsetzen von Zellulosetosylat mit Natriumacetylenid bzw. -phenylacetylenid in flüssigem Ammoniak verwirklicht[173]:

R = H, $-C_6H_5$

Der Einbau von Dreifachbindungen wurde auch bei der Synthese von Pfropfcopolymeren der Zellulose mit Polydimethylvinylethynylcarbinol, einem relativ leicht zu beschaffenden Monomeren, das neben Doppel- auch Dreifachbindungen enthält, realisiert[228]:

$$\text{Zellulose}-\cdots-\text{OH} \xrightarrow{\text{CH}_2=\text{CH}-\text{C}\equiv\text{C}-\text{C(CH}_3)_2\text{OH}} \text{Zellulose}-\cdots-\text{CH}_2-\text{CH}-\cdots$$
$$\overset{|}{\text{C}\equiv\text{C}-\text{C(CH}_3)_2}$$
$$\overset{|}{\text{OH}}$$

Zum Pfropfen wurden 3- bis 4%ige Monomerlösungen bzw. 20%ige Monomeremulsionen verwendet.

Es soll hier nicht unerwähnt bleiben, daß das angeführte Reaktionsschema nicht ganz der Wirklichkeit entspricht. In den meisten Fällen findet neben der Polymerisation unter Öffnung der Doppelbindungen auch Polymerisation unter einer mehr oder weniger starken Öffnung der Dreifachbindungen statt, wodurch die Zusammensetzung des Copolymeren komplizierter wird.

Beim Behandeln des erhaltenen Zellulose-Pfropfcopolymeren mit einer 5%igen wäßrigen Kaliumhydroxid-Lösung bei 120 bis 130 °C wird Aceton abgespalten und ein Copolymeres der Zellulose mit dem Polymeren des monosubstituierten Acetylen-Derivats gebildet:

$$\text{Zellulose}-\cdots-CH_2-\underset{\underset{\underset{OH}{|}}{C\equiv C-C(CH_3)_2}}{CH}-\cdots \xrightarrow{KOH} \text{Zellulose}-\cdots-CH_2-\underset{C\equiv CH}{CH}-\cdots + (CH_3)_2CO$$

Auf der Basis von Zellulose-Derivaten mit Dreifachbindungen gelingt es, eine Reihe interessanter Folgederivate zu synthetisieren, die sich nach keiner anderen Methode darstellen lassen. So sind auf diese Weise Zellulose-Derivate erhalten worden, die Kupfer- und Silberacetylid-Reste enthalten:

$$\text{Zellulose}-\cdots-CH_2-\underset{C\equiv CH}{CH}-\cdots \xrightarrow{AgNO_3,(CuCl_2)} \text{Zellulose}-\cdots-CH_2-\underset{C\equiv CAg}{CH}-\cdots \text{ bzw.}$$

$$\text{Zellulose}-\cdots-CH_2-\underset{C\equiv CCuCl}{CH}-\cdots$$

Beim Hydratisieren von Dreifachbindungen in Zelluloseestern und -ethern nach der Kucherov-Reaktion werden Zellulose-Verbindungen mit Keto-Gruppen erhalten (s. S. 54). Werden die Zelluloseether oder -ester mit Dreifachbindungen statt mit Wasser mit Alkohol behandelt, bilden sich die entsprechenden Zelluloseether bzw. -ester mit Doppelbindungen:

$$\text{Zellulose}-O-CH_2-C\equiv CH \xrightarrow{ROH} \text{Zellulose}-O-CH_2-\underset{OR}{C}=CH_2$$

12. Phosphorhaltige Gruppen

Durch Einführen phosphorhaltiger Gruppen, insbesondere von Resten phosphorhaltiger Säuren, in das Zellulose-Makromolekül ergibt sich die Möglichkeit, flammfeste zellulosische Materialien sowie Ionenaustauscher- und komplexbildende Fasern herzustellen. Diese Zellulose-Derivate gewinnen zunehmend an Bedeutung.

Phosphororganische Gruppen können in das Zellulose-Makromolekül nach jedem der besprochenen Verfahren eingeführt werden, z.B. durch Verestern der Zellulose mit Chloranhydriden phosphorhaltiger Säuren, wie der Phosphor-, der phosphorigen[229], der Methylphosphon-[230] und der Dialkylphosphinsäure[231]. Zu den Nachteilen dieser Methode zählen die Notwendigkeit, die Umsetzung in organischen Basen vorzunehmen, die den entsprechenden Chlorwasserstoff binden, und der Abbau der Zellulose, der eine Verschlechterung der mechanischen Eigenschaften der Fasern bzw. Flächengebilde zur Folge hat.

Den Bedingungen entsprechend, unter denen die Veresterung der Zellulose mit den Chloranhydriden der mehrbasischen organischen Säuren vorgenommen wird, werden saure oder neutrale (bei 20 °C) Ester erhalten[230]. Ein phosphorhaltiger Zelluloseester wurde durch Einwirkung von hypophosphoriger Säure auf Zellulose erhalten[232]. Die Umsetzung wurde in Argon-Atmosphäre bei 80 bis 120 °C durchgeführt. Das gebildete Wasser mußte kontinuierlich entfernt werden:

$$\text{Zellulose}-\text{OH} \xrightarrow{H_3PO_2} \text{Zellulose}-\underset{\underset{O}{\parallel}}{O}PH_2$$

Der Zelluloseester enthält bis zu 14% Phosphor (Substitutionsgrad ca. 0,95). Das Material ist bereits mit 4,5% Phosphor flammfest. Die praktische Anwendung dieser Zellulose-Derivate ist jedoch wegen ihrer Unbeständigkeit gegenüber hydrolytisch wirkenden Substanzen, insbesondere kochendem Wasser, eingeschränkt.

Phosphor enthaltende Zelluloseester sind auch durch Behandeln von Zellulose mit Gemischen aus methylphosphoriger und Essigsäure* erhalten worden[234]:

$$\text{Zellulose}-\text{OH} + HP\begin{matrix}OCH_3\\OC-CH_3\\\parallel\\O\end{matrix} \longrightarrow \text{Zellulose}-OP\begin{matrix}OCH_3\\H\end{matrix} + CH_3COOH$$

Der Zelluloseester enthält 6 bis 7% Phosphor und hat einen Substitutionsgrad von 0,4 bis 0,5. Sein Aufbau ist IR-spektroskopisch bestätigt worden[235].

Zellulose läßt sich nicht nur mit Säuren des fünfwertigen Phosphors bzw. deren Mischanhydriden verestern, sondern auch mit Methylmetaphosphat[234]:

$$H_3C-O-\underset{\underset{O}{\parallel}}{\overset{\overset{O}{\parallel}}{P}}$$

Weil die Säureanhydride des fünfwertigen Phosphors nicht besonders reaktionsfreudig sind, muß bei Temperaturen von ca. 120 °C gearbeitet werden. Dabei kommt es zum Abbau der Zellulose.

Phosphorhaltige Zelluloseester lassen sich auch durch Umestern darstellen (s. S. 75). So sind Zelluloseester dargestellt worden, wie das Zellulosechlorethylphosphit und das Zellulosephosphit.

Um das Zellulosechlorethylphosphit zu erhalten, wurde die Zellulose 6 bis 8 Stunden mit Trichlorethylphosphit bei 100 bis 110 °C behandelt[12]:

$$\text{Zellulose}\begin{matrix}OH\\OH\\OH\end{matrix} \xrightarrow{P(OC_2H_4Cl)_3} \text{Zellulose}\begin{matrix}O\\O\\OH\end{matrix}P-O-C_2H_4Cl$$

Dieser Ester, dessen Phosphor-Gehalt 3 bis 3,5% beträgt (Substitutionsgrad von ca. 0,4), wird durch Luftsauerstoff leicht zu Zellulosechlorethylphosphat oxidiert[236]:

---

* Es wurde schon früher gezeigt, daß beim Einwirkenlassen von Alkylacylphosphiten auf aliphatische Alkohole Phosphorigsäureester entstehen[233].

Zellulose$\overset{\diagup O}{\underset{OH}{\overset{\diagdown O}{-}}}\overset{}{\underset{\|}{P}}-O-C_2H_4Cl$

Zellulosephosphit ist beim Umsetzen von Zellulose mit Monomethylphosphit erhalten worden[10]:

Zellulose$\overset{\diagup OH}{\underset{\diagdown OH}{-OH}}$ $\xrightarrow{H_3C-O-\overset{OH}{\underset{\|}{P}}\diagdown H}$ Zellulose$\overset{\diagup OH}{\underset{\diagdown OP}{-OH}}\overset{\diagup OH}{\underset{\|}{\diagdown H}}$
$\qquad\qquad\qquad\qquad\qquad\qquad\qquad\qquad\qquad\quad O$

Dabei kann auch direkte Veresterung eintreten:

Zellulose$\overset{\diagup OH}{\underset{\diagdown OH}{-OH}}$ $\xrightarrow{H_3CO-\overset{OH}{\underset{\|}{P}}\diagdown H}$ Zellulose$\overset{\diagup OH}{\underset{\diagdown OP}{-OH}}\overset{\diagup OCH_3}{\underset{\|}{\diagdown H}}$

Das Zellulosephosphit kann auch entstehen, wenn Diethylphosphit[237] bzw. Dimethylphosphit[11] mit Zellulose reagiert. Die danach im Zellulose-Makromolekül vorhandenen Phosphorigsäure-Reste bieten nun die Möglichkeit, durch weitere Umwandlungen neue Zellulose-Derivate darzustellen. So wurde beispielsweise durch Umsetzen von Zellulosephosphit mit N,N'-Tetraethylmethylendiamin das Zelluloseaminophosphonat erhalten[10]:

Zellulose$\overset{\diagup O}{\underset{OH}{\overset{\diagdown O}{-}}}\overset{}{\underset{\|}{PH}}$ $\xrightarrow{(C_2H_5)_2N-CH_2-N(C_2H_5)_2}$ Zellulose$\overset{\diagup O}{\underset{OH}{\overset{\diagdown O}{-}}}\overset{}{\underset{\|}{P}}-CH_2-N(C_2H_5)_2$

Beim Umsetzen von Zellulosephosphit mit Aminen oder Alkoholen kommt es, wie beim Umsetzen niedermolekularer Phosphite[238], zur Bildung von Zellulosealkylphosphaten und -amidophosphaten:

Zellulose$\overset{\diagup O}{\underset{OH}{\overset{\diagdown O}{-}}}\overset{}{\underset{\|}{PH}}$ $\xrightarrow[CCl_4]{(C_2H_5)_2N-CH_2-CH_2-OH}$ Zellulose$\overset{\diagup O}{\underset{OH}{\overset{\diagdown O}{-}}}\overset{}{\underset{\|}{P}}-O-CH_2-CH_2-N(C_2H_5)_2$

Zellulosealkylphosphat

Zellulose$\overset{\diagup O}{\underset{OH}{\overset{\diagdown O}{-}}}\overset{}{\underset{\|}{PH}}$ $\xrightarrow[CCl_4]{(C_2H_5)_2NH}$ Zellulose$\overset{\diagup O}{\underset{OH}{\overset{\diagdown O}{-}}}\overset{}{\underset{\|}{P}}-N(C_2H_5)_2$

Zelluloseamidophosphat

Diese Derivate sind hydrolysebeständiger als die Zellulosephosphite.

Durch nachträgliches Umwandeln der sehr reaktionsfähigen Zellulosephosphite wurde noch eine Reihe anderer Derivate erhalten. Das Schema, nach dem diese Umwandlungen ablaufen, ist nachstehend am Beispiel des neutralen cyclischen Zellulosephosphits, nämlich des Propylenglykolphosphits, beschrieben[239]:

76 Einführung verschiedener funktioneller Gruppen in das Zellulose-Makromolekül

```
                    O—CH₂                                      O—CH₂
                   /    \                                     /    \
Zellulose—O—P          CH₂              Zellulose—O—P          CH₂
             ‖ \    /                                  ‖ \    /
             O   O—CH₂                                 S   O—CH₂
```

```
                    NO, H₂O₂, O₂                     S
                         ↑                           ↑
                         |           O—CH₂           |
                         | Zellulose—O—P   CH₂       |        O
                         |              \  /         |        ‖
                    C₂H₅—SCN             O—CH₂              HC—CCl₃
                         ↓                           ↓
```

```
              S—C₂H₅                                          O—CH=CCl₂
              |                                              /
Zellulose—O—P—O—CH₂—CH₂—CH₂CN        Zellulose—O—P
              ‖                                    ‖ \
              O                                    O   O—CH₂—CH₂—CH₂Cl
```

```
                    CH₃I                           CCl₄
                     ↓                              ↓

              CH₃                                    CCl₃
              |                                       |
Zellulose—O—P—O—CH₂—CH₂—CH₂I         Zellulose—O—P—O—CH₂—CH₂—CH₂Cl
              ‖                                       ‖
              O                                       O
```

Auf diese Weise ist es auch gelungen, beim Umsetzen mit Schwefel Zellulosethionphosphate und beim Umsetzen mit Alkylrhodaniden Zellulosethiolphosphate zu erhalten. Durch Umsetzen mit Chloral gelang es, das Zelluloseenolphosphat, das Polymeranaloge des Insektizids *Dichlophos*, zu synthetisieren. Eingehende Untersuchungen der Eigenschaften dieser neuen phosphorhaltigen Zellulose-Derivate, insbesondere der Analoga der Insektizide, verdienen großes Interesse.

Auch nach dem Alkylierungsverfahren können phosphorhaltige Zellulose-Derivate erhalten werden, z.B. durch Alkylieren von Zellulose mit dem Natrium-Salz der Chlormethylphosphinsäure[240]:

```
                    ClCH₂—P(ONa)₂
                          ‖
                          O
Zellulose—OH    ─────────────────►    Zellulose—O—CH₂—P(ONa)₂
                                                        ‖
                                                        O
```

Nach dieser Methode sind Zelluloseether mit Substitutionsgraden von 0,5 erhalten worden. Phosphorhaltige Derivate der Desoxyzellulose konnten durch nukleophile Substituierung beim Umsetzen von Zellulosetosylat mit Natriumdiethylphosphit dargestellt werden[241]:

```
                    NaP(OC₂H₅)₂
                          ‖
                          O
Zellulose—OTs   ─────────────────►    Zellulose—P(OC₂H₅)₂
                                                  ‖
                                                  O
```

Es sind auch Pfropfcopolymere aus Zellulose und phosphorhaltigen Vinylpolymeren, insbesondere Diethyl- **1** und Di-β,β'-chlorethylester **2** der Vinylphosphonsäure synthetisiert worden[242]:

$$\text{Zellulose}-\cdots-\underset{\underset{O}{\overset{\|}{P(OC_2H_5)_2}}}{CH_2-CH}-\underset{\underset{O}{\overset{\|}{P(OC_2H_5)_2}}}{CH_2-CH}-\cdots \qquad \mathbf{1}$$

$$\text{Zellulose}-\cdots-\underset{\underset{O}{\overset{\|}{P(O-CH_2-CH_2Cl)_2}}}{CH_2-CH}-\cdots \qquad \mathbf{2}$$

Pfropfcopolymere der Zellulose mit einem Phosphor-Gehalt von 4,3% sind flammfest.

In der Literatur wird auch die Darstellung von phosphorhaltigen Zellulosecarbamaten beschrieben. Sie entstehen, wenn aliphatische Amino-Gruppen enthaltende Zelluloseester mit Derivaten der Phosphor- oder der Alkylphosphinsäuren, die Isocyanat-Gruppen enthalten, behandelt werden[231].

13. Siliciumhaltige Gruppen

Die technische Bedeutung der siliciumorganischen Polymere hat bekanntlich in letzter Zeit sehr stark zugenommen. Diese Verbindungen werden unter anderem zum Imprägnieren von Fasern und Geweben verwendet.

Es wurden inzwischen niedrigsubstituierte siliciumhaltige Zelluloseether synthetisiert[243]. Die geringe Beständigkeit ihrer Si-OC-Bindungen gegenüber hydrolytisch wirkenden Substanzen schränkt ihre praktische Anwendung ein. Dieser Nachteil läßt sich teilweise dadurch beheben, daß relativ langkettige Organosiloxan-Substituenten eingeführt werden. Zelluloseether mit verschieden langen Siloxan-Substituenten wurden beim Behandeln der Zellulose mit α-Chlor-ω-trimethyloxydimethylsiloxan erhalten[244]:

$$\text{Zellulose}-OH \;+\; Cl{\small\text{---}}\!\!\left[\begin{array}{c}CH_3\\|\\SiO\\|\\CH_3\end{array}\right]_x\!\!{\small\text{---}}Si(CH_3)_3 \;\longrightarrow\; \text{Zellulose}-O{\small\text{---}}\!\!\left[\begin{array}{c}CH_3\\|\\SiO\\|\\CH_3\end{array}\right]_x\!\!{\small\text{---}}Si(CH_3)_3 \;+\; HCl$$

Mit steigendem x werden die Verbindungen merklich beständiger gegenüber kochendem Wasser.

Weil die Synthese von siliciumorganischen Zellulose-Derivaten nach diesem Schema zur Chlorwasserstoff-Bindung in organischen Basen durchgeführt werden muß, ist mit ihrer praktischen Anwendung wohl kaum zu rechnen.

Zur Synthese von siliciumhaltigen Zelluloseestern wurde auch die Alkoholyse von Tetraalcoxysilanen bzw. von Alkyl(aryl)-trialcoxysilanen sowie von Siliciumsäureamiden durch Zellulose angewendet[245]:

$$\text{Zellulose}-OH \;+\; (CH_3)_2Si\!\!\begin{array}{c}\nearrow N(C_2H_5)_2\\ \\ \searrow N(C_2H_5)_2\end{array} \;\longrightarrow\; \text{Zellulose}-O-\underset{\underset{CH_3}{|}}{\overset{\overset{CH_3}{|}}{Si}}-N(C_2H_5)_2 \;+\; NH(C_2H_5)_2$$

Siliciumorganische Radikale enthaltende Zelluloseether mit Substitutionsgraden bis 1,4 wurden beim Behandeln von Alkalizellulose mit siliciumhaltigen Alkylhalogeniden, insbesondere mit Halogenmethyltrialkylsilan[246], erhalten:

$$\text{Zellulose}-\text{ONa} \xrightarrow{XCH_2-SiR_3} \text{Zellulose}-\text{O}-CH_2-Si-R_3$$

X = Cl, Br ; R = $-CH_3$, $-C_2H_5$

14. Metallorganische Gruppen

Die Zahl der bis heute erhaltenen metallorganischen Zellulose-Derivate ist relativ klein. Erwähnenswert sind lediglich die quecksilber-, arsen-, zinn- und titanhaltigen Verbindungen.

Die Zellulose ist, wenn ihr Makromolekül geringe Quecksilber-Mengen (1 bis 2% der Zellulose-Masse) enthält, bakterizid, fäulnis- und schimmelpilzbeständig. Für den Einsatz als Bekleidungsfasern kommen solche Verbindungen nicht in Frage, weil sie mit dem menschlichen Körper nicht in Berührung kommen dürfen. — Einer breiteren Anwendung dieses Verfahrens für andere Zwecke ist auch die Tatsache hinderlich, daß in das Zellulose-Makromolekül zunächst funktionelle Gruppen eingeführt werden müssen, die sich mit Quecksilber umsetzen können.

Das Einführen von Quecksilber in modifizierte Zellulose wurde durch Mercurieren von Fettalkoholethern der Zellulose (Benzylzellulose)[247], des Zelluloseethers des 4-β-Oxyethylsulfonylanilins[248]

$$\text{Zellulose}-O-CH_2-CH_2-\overset{O}{\underset{O}{S}}-\text{C}_6\text{H}_4-NH_2 + Hg\left(O-\overset{O}{\underset{}{C}}-CH_3\right)_2 \longrightarrow$$

$$\text{Zellulose}-O-CH_2-CH_2-\overset{O}{\underset{O}{S}}-\text{C}_6\text{H}_3(HgO-\overset{O}{\underset{}{C}}-CH_3)-NH_2 + CH_3COOH$$

sowie des Furandicarbonsäurezelluloseesters[173] verwirklicht.

Die Möglichkeiten, Quecksilber durch Behandeln von Zelluloseestern ungesättigter Säuren mit alkoholischen bzw. wäßrigen Quecksilberacetat-Lösungen einzuführen, wurden von Aikhodzaev, Pogosov und Mitarb.[249] systematisch untersucht.

Niedrigsubstituierte arsenhaltige Zellulose-Derivate (mit Substitutionsgraden von 0,05 bis 0,1) sind durch Umsetzung eines diazotierten 4-β-Oxyethylsulfonyl-2-aminoanisol-Zelluloseethers mit Natriumarsenit und durch nukleophile Substituierung von Tosyloxy- und Nitrat-Gruppen im Zellulosetosylat bzw. -nitrat erhalten worden.

Die Synthese eines zinnhaltigen Derivats der 6-Desoxyzellulose gelang beim Behandeln von 5,6-Zelluloseen mit einer Tri-*n*-butylzinn-Lösung in Gegenwart von Azobisisobutyronitril[250]:

[Reaction scheme: sugar unit with CH₂· , OH, OH, O substituents reacts with HSn(C₄H₉)₃ to give sugar unit with CH₂—Sn(C₄H₉)₃ substituent]

Zur Synthese von zinnhaltigen Zellulose-Derivaten wurde auch die Umsetzung von Bis-(tributylzinn)-oxid mit Zelluloseethern angewendet, die Carboxy- (Carboxymethylzellulose) oder Thiol-Gruppen enthalten[250]:

Zellulose—O—CH$_2$—COOH + [(C$_4$H$_9$)$_3$Sn]$_2$O ⟶ Zellulose—O—CH$_2$—C(=O)—O—Sn(C$_4$H$_9$)$_3$

Der Zinn-Gehalt der Ether betrug bis zu 19% (Substitutionsgrad bis 0,6).

Zinnhaltige Zelluloseether konnten weiterhin dadurch erhalten werden, daß das Natrium-Salz der Carboxymethylzellulose mit Tributylzinnchlorid umgesetzt wurde:

Zellulose—O—CH$_2$—C(=O)—ONa + ClSn—R$_3$ ⟶ Zellulose—O—CH$_2$—C(=O)—O—Sn—R$_3$

R = —C$_4$H$_9$

Polymere Tributylzinn-Derivate sind wie die analog aufgebauten niedermolekularen zinnorganischen Verbindungen gegenüber verdünnten wäßrigen Säure- und Alkali-Lösungen unbeständig.

Aus einer Mitteilung über eine Synthese flammfester titanhaltiger Zelluloseester ist zu entnehmen, daß es möglich ist, durch Verestern der Zellulose mit Chloranhydriden von Titansäuren und Umestern solche Verbindungen darzustellen[251].

Bleihaltige Zellulose-Derivate wurden durch Umsetzung von 5,6-Zellulosen mit naszierendem Tributylbleihydrid erhalten. Die Reaktion verläuft nach folgendem Schema[65]:

[Reaction scheme: sugar unit + (C$_4$H$_9$)$_3$PbO—C(=O)—CH$_3$ —(C$_4$H$_9$)$_3$SnH→ sugar unit with CH$_2$—Pb(C$_4$H$_9$)$_3$ + (C$_4$H$_9$)$_3$SnO—C(=O)—CH$_3$]

Tab. 3.1 enthält verschiedene funktionelle Gruppen und die Verfahren, mit denen sie in das Zellulose-Makromolekül eingeführt werden können. Wie aus den einzelnen Angaben ersichtlich, ist es bereits gelungen, fast alle in der organischen Chemie als interessant gefundenen reaktionsfähigen funktionellen Gruppen in das Zellulose-Makromolekül einzuführen. Dadurch ist die Zahl der Möglichkeiten für eine gezielte Veränderung der Eigenschaften von Zellulose und ihrer Derivate bedeutend vergrößert worden[252].

Tab. 3.1 Methoden zur Einführung verschiedener funktioneller Gruppen in das Zellulose-Makromolekül

Funktionelle Gruppen ↓ / Methoden →	Ether- bzw. Ester- Bildung	O-Alkylierung	Oxidation	Nukleophile Substituierung	Pfropfcopolymerisation
Carbonyl-Gruppen					
Aldehyd-Gruppen	—	+	+	—	+
Keton-Gruppen	+	—	+	—	+
Carboxy-Gruppen	+	+	+	+	+
Sulfo-Gruppen	+	+	—	+	+
Phosphorhaltige Gruppen	+	+	—	+	+
Halogene	+	+	—	+	+
Amino-Gruppen					
aliphatische	+	+	—	+	—
aromatische	+	+	—	—	—
Nitril-Gruppen	—	+	—	+	+
Phenyl-Gruppen	+	+	—	+	+
Sulfhydryl-Gruppen	—	+	—	+	—
Epoxy-Gruppen	+	+	—	—	+
Dreifachbindungen	+	+	—	+	+
Doppelbindungen	+	+	—	+	+
Stickstoffhaltige Heteroringe	—	+	—	+	+
Metallorganische Gruppierungen	—	—	—	+	—
Nitro-Gruppen	—	—	—	+	—

+ wird eingeführt
— wird nicht eingeführt

Kapitel 4
Neue zellulosische Substanzen

In der letzten Zeit sind zahlreiche Publikationen über gezielte Veränderungen von Eigenschaften zellulosischer Substanzen erschienen. Zellulosische Fasern bzw. Gewebe oder Gewirke werden üblicherweise mit verschiedenen Chemikalien ausgerüstet, die ihnen artikelgerechte Eigenschaften verleihen und ihre Verarbeitung erleichtern. Ein anderer Weg, der zu zellulosischen Materialien mit neuen Eigenschaften führt, ist die Synthese verschiedener Zellulose-Derivate. Mit diesen Verfahren wurden bereits Probleme gelöst, wie die Herstellung von chemisch gefärbten Fasern, von knitter- und schrumpfarmen Baumwoll- und Viskosetextilien, von wasserabweisenden Erzeugnissen sowie von schwerentflammbaren Produkten[253]. In den aufgezählten Fällen wird der gewünschte Effekt bereits durch Einführen kleiner Mengen bestimmter funktioneller Gruppen in das Zellulose-Makromolekül erreicht, d.h. durch Synthese von Zellulose-Derivaten mit Substitutionsgraden von nur 0,05 bis 0,1.

Dank der modernen Zellulosechemie sind die Möglichkeiten für eine gezielte Veränderung der Eigenschaften und damit auch der Erweiterung der Einsatzgebiete zellulosischer Substanzen wesentlich größer geworden. Die chemische Modifizierung darf aber nicht als der einzige Weg angesehen werden, der zu Substanzen mit neuen Eigenschaften führt. Und dennoch erweisen sich Verfahren der chemischen Modifizierung häufig als die einzig möglichen und realen, um Produkte mit bestimmten gewünschten Eigenschaften herzustellen, z.B. von Ionenaustauschern, von bakteriziden Geweben und von verschiedenen modifizierten Fasern sowie anderen Produkten für den Einsatz in der Medizin. In anderen Fällen konkurrieren die Verfahren der chemischen Modifizierung mit den von früher her bekannten Ausrüstungsverfahren, z.B. zur Herstellung von schwerentflammbaren, hydrophoben, fäulniswidrigen Textilien oder von Materialien mit erhöhter Thermostabilität. Die Wahl des jeweils anzuwendenden Verfahrens wird von dessen Wirtschaftlichkeit, Einfachheit, dem erforderlichen apparativen Aufwand und einigen anderen Faktoren bestimmt. Zu den grundsätzlichen Vorzügen der chemischen Modifizierung zählt die bedeutend höhere Beständigkeit der erhaltenen Substanzen, die sie bei verschiedenen Einwirkungen, wie z.B. beim Waschen, bei Scheuerbeanspruchungen usw. aufweisen. Dies kann für die Wahl des anzuwendenden Verfahrens von entscheidender Bedeutung sein[254].

Die Mitarbeiter des *Komplexen Forschungslaboratoriums* des Moskauer Textilinstituts haben in Zusammenarbeit mit verschiedenen anderen Forschungsinstituten und Industrieunternehmen Untersuchungen durchgeführt zur Ermittlung der effektivsten Einsatzmöglichkeiten für die neuen chemisch modifizierten Substanzen, insbesondere für die Pfropfcopolymeren der Zellulose mit verschiedenen synthetischen Polymeren. Die meisten Substanzen wurden in halbtechnischem bzw. industriellem Maßstab hergestellt.

Die Verwendung der neuen modifizierten Zellulosen erscheint in den folgenden Einsatzgebieten möglich:

1. Herstellung von Bekleidungs- und Heimtextilien
   a) Gewebe und Gewirke aus modifizierten Viskosespinnfasern (Mtilon, Cevalan),
   b) Teppiche aus modifizierten Viskosespinnfasern (Mtilon),
   c) modifizierte Acetat-Multifilamentgarne.

2. Herstellung von zellulosischen Substanzen für verschiedene Zweige der Wirtschaft
   a) flammfeste,
   b) mikrobenbeständige,
   c) wasser- und ölabweisende,
   d) Säureschutz-,
   e) Ionen- und Elektronenaustauscher sowie Komplexbildner.
3. Herstellung von zellulosischen Substanzen für medizinische Zwecke
   a) antimikrobielle und
   b) hämostatische Materialien.

Die Ergebnisse der in den letzten Jahren durchgeführten Untersuchungen haben gezeigt, daß sich die meisten dieser Fasern bzw. Substanzen relativ gut für die verschiedenen Zielvorstellungen eignen. Damit sind jedoch die Anwendungsmöglichkeiten für Zellulose-Derivate keineswegs ausgeschöpft. Sehr interessant sind auch Verfahren zur Herstellung von immobilisierte Fermente enthaltenden Zelluloseester-Fasern, von thermoplastischen Zellulose-Derivaten und von einigen anderen chemisch modifizierten Zellulosen.

1. Fasern für die Herstellung von Bekleidungs- und Heimtextilien

Auf dem Gebiet der Veredlung von zellulosischen textilen Rohstoffen für Bekleidungs- und Heimtextilien, insbesondere von Geweben und Gewirken aus natürlichen oder regenerierten Zellulose-Fasern, sind in den letzten Jahren beachtliche Resultate erzielt worden.

Nun können aber einige Mängel, die den aus Regenerat-Zellulose-Fasern erzeugten Bekleidungs- und Heimtextilien anhaften, nach den derzeit üblichen Veredlungsverfahren bis heute nicht beseitigt werden. Diese Probleme lassen sich nur mit Mitteln der chemischen Modifizierung lösen.

2. Modifizierte Regenerat-Zellulose-Fasern

Die größte praktische Bedeutung haben die im *Problemlaboratorium* des Moskauer Textilinstituts entwickelten Mtilon-Fasern erlangt. Sie stellen ein Pfropfcopolymeres aus Zellulose und Polyacrylnitril dar, das aus 60 bis 70% Zellulose und 40 bis 30% Polyacrylnitril besteht[255]. Dank den im Pfropfcopolymeren vorhandenen Nitril-Gruppen weisen diese Fasern höhere Scheuerfestigkeit und Lichtstabilität, insbesondere eine höhere Witterungsbeständigkeit, als die herkömmlichen Viskosefasern auf. Die im Makromolekül des Pfropfcopolymeren vorhandenen Seitenketten aus dem synthetischen Polymeren gewährleisten außerdem noch eine Mikrobenbeständigkeit der Fasern.

Der wichtigste spezifische Vorzug der Mtilon-Fasern und der daraus hergestellten Erzeugnisse ist aber ihr wollähnliches Aussehen, das sie z.B. für Teppiche interessant macht. Für dieses Einsatzgebiet sind auch noch positiv zu bewerten: die erhöhte Scheuerfestigkeit und die Möglichkeit, die Fasern mit Farbstoffen zu färben, die teils zum Färben von Zellulose-Fasern, teils zum Färben von Wolle verwendet werden.

Die Produktion der nach dem Pfropfcopolymerisationsverfahren chemisch modifizierten Viskosefasern, insbesondere von Fasern des Mtilon-Typs, hat gegenüber der Herstellung von herkömmlichen Viskosefasern noch einen weiteren bedeutenden Vorteil. Die Menge der anfallenden schädlichen Abgase und Abwässer ist nämlich um 30 bis 40% geringer als bei der Produktion von konventionellen Viskosespinnfasern. Diese Verminderung der schädlichen Gase und Abwässer wird in Zukunft bei der Planung von Produktionskapazitäten von Bedeutung sein.

Trotz der Vorteile solcher Fasern darf nicht übersehen werden, daß der Faserquerschnitt durch die Aufpfropfung der Substanz größer und die spezifische, querschnittbezogene Festigkeit der Fasern — trotz einer gewissen Zunahme der absoluten Festigkeit — kleiner wird; die spezifische Festigkeit einer Faser, auf die — bezogen auf die Viskosefasermasse — 30 bis 40% synthetisches Polymer aufgepfropft werden, geht um 10 bis 15% zurück, obwohl die absolute Festigkeit der Faser um 10 bis 15% ansteigt.

Bei der Herstellung von Mtilon-Fasern wird auf die Zellulose ein steifkettiges Polymeres (Polyacrylnitril) aufgepfropft. Dadurch wird die Verspinnbarkeit der Fasern schlechter und es treten bei der Erzeugung feiner Garne erhebliche Schwierigkeiten auf. Diese Beobachtung hat mit dazu geführt, daß diese Fasern bevorzugt zu groben Garnen für Teppiche verarbeitet werden. Dabei werden die Mtilon-Fasern auch mit Wolle und anderen Chemiefasern gemischt.

Fasern aus Pfropfcopolymeren der Zellulose für Bekleidungs- und Heimtextilien können in drei verschiedenen Varianten produziert werden:

1. Mtilon-Fasern — Pfropfcopolymere der Zellulose mit steifkettigen Polymeren (Polyacrylnitril),
2. Cevalan — Pfropfcopolymere der Zellulose mit einem steifkettigen (Polyacrylnitril) und geringen Mengen eines biegsamen Polymeren,
3. Mtilon-S — Pfropfcopolymere der Zellulose mit Polystyrol.

Das wichtigste Unterscheidungsmerkmal der Cevalan-Fasern von den Mtilon-Fasern besteht in ihren elastischen Eigenschaften. Dadurch wird die textile Verarbeitbarkeit bedeutend verbessert und es wird möglich, feinere Garne herzustellen[256]. Die aufgepfropften Ketten bestehen, wie Untersuchungen gezeigt haben[3], aus einem statistischen Copolymeren aus beiden Komponenten.

Mtilon-S ist ein Copolymeres der Zellulose mit Polystyrol, das aus 70 bis 75% Zellulose und 25 bis 30% Polystyrol besteht[257]. Die spezifische Besonderheit dieser modifizierten Viskosespinnfaser ist ihre höhere Säurebeständigkeit[258]. Gewebe aus Mtilon-S-Fasern bzw. aus ihren Mischungen mit Synthesefasern sind jedoch nicht säureabweisend. Um ihnen diese manchmal erwünschte Eigenschaft zu verleihen, werden die Gewebe entweder mit siliciumorganischen Verbindungen oder mit organischen Flüssigkeiten ausgerüstet, die das aufgepfropfte Polystyrol quellen, z.B. Trichlorethylen[259]. — Der Festigkeitsabfall der Mtilon-S-Fasern im nassen Zustand ist wesentlich geringer als der der Viskosefasern. Das hängt mit ihrer schlechten Benetzbarkeit zusammen.

Die Verfahren, nach denen die besprochenen Pfropfcopolymeren der Zellulose erhalten werden, sind praktisch gleich. Sie bauen auf folgenden Forderungen auf:

— Einsatz wäßriger Lösungen oder Emulsionen der Monomeren,
— Einsatz der in Chemiefaser- bzw. Textilveredlungsbetrieben verwendeten Apparaturen,
— einfache Rückgewinnung der Monomeren, die bei der Pfropfung nicht umgesetzt werden,
— außerdem sollen keine Homopolymeren in merklichen Mengen entstehen.

Die gepfropften Fasern können nach diskontinuierlichen, halbkontinuierlichen oder kontinuierlichen Verfahren erhalten werden.

Nach dem für die Herstellung von Mtilon-Fasern bislang üblichen diskontinuierlichen Verfahren wird auf fertige Viskosespinnfasern aufgepfropft. Die Pfropfung erfolgt in HT-Apparaturen moderner Färbereien. Die radikalische Pfropfcopolymerisation wird mit einem Redoxsystem initiiert, dessen eine Komponente (Fe^{2+}) chemisch an die Carboxy-Gruppe des Zellulose-Makromoleküls gebunden ist (s. S. 27). Die Bildung von Homopolymeren im Pfropfungsbad wird dabei vermieden. Noch wirksamer sind, wie Versuche[260] gezeigt haben, die von B.A. Dolgopol'skii[261] eingehend untersuchten sog. reversiblen Redoxsysteme. Die Wirkung solcher Systeme beruht darauf, daß die bei der Oxidation von Eisen(II)-Ionen mit Wasserstoffperoxid entstehenden Eisen(III)-Ionen durch die zweite Komponente des Redoxsystems wieder reduziert werden. Damit bleibt die Geschwindigkeit der Bildung der beim Zerfall des Wasserstoffperoxids entstehenden Hydroxy-Radikale längere Zeit auf einem hohen Niveau, wodurch die Pfropf- und die Monomerkonversionsgeschwindigkeiten erhöht werden. Hierfür hat sich das System $Fe^{2+}/Rongalit/H_2O_2$ bewährt. Rongalit ist ein Salz der Formaldehydsulfosäure, näheres s. S. 39.

Aufgrund der in den letzten Jahren durchgeführten Arbeiten ist es gelungen, ein Verfahren zur Herstellung von Mtilon-Fasern zu entwickeln, bei dem die anfallende Abwassermenge dadurch stark reduziert wird, daß nach dem Pfropfen das von den Fasern lediglich sorbierte Acrylnitril mit Direktdampf ausgetrieben wird[262]. Das Monomer wird aus dem Gemisch mit Wasser durch Rektifikation abgetrennt. Auf diesem Wege ist es möglich, die Zahl der Waschoperationen herabzusetzen und die Dauer des diskontinuierlichen Verfahrens abzukürzen.

Bei dem diskontinuierlichen Verfahren zur Herstellung von Mtilon-S-Fasern treten beim Entfernen des nicht umgesetzten Styrols noch zusätzliche Schwierigkeiten auf, da es von den im Monomeren aufgequollenen aufgepfropften Polystyrol-Ketten hartnäckig zurückgehalten wird. Weil das Styrol in Wasser nicht löslich ist, läßt es sich beim wiederholten Waschen nur schwer aus den Fasern entfernen. Um diese Schwierigkeit zu überwinden, galt es, ein Pfropfungsverfahren auszuarbeiten, bei dem das Styrol zu 99,5 bis 100% konvertiert wird. Dazu wird in zwei Stufen gepfropft: In der ersten Stufe bis zu einer 65 bis 70%igen Styrolkonversion, wie im Falle anderer Monomerer aus wäßrigen Emulsionen und unter Verwendung eines Zwei- oder Dreikomponenten-Redoxsystems. Beim Erreichen der 65 bis 70%igen Konversion enthält die Emulsion dann kein freies Monomeres mehr. Es ist vollständig von den aufgepfropften Polystyrol-Ketten sorbiert. Die Diffusion der wäßrigen Wasserstoffperoxid-Lösung in die modifizierten Fasern, auf deren Oberfläche lange hydrophobe Ketten mit rel. Molekülmassen von $1,5 \cdot 10^6$ bis $3,0 \cdot 10^6$ vorhanden sind[259], ist nun außerordentlich erschwert. Deshalb werden in der zweiten Verfahrensstufe organische Initiatoren in Form wäßriger Emulsionen (Benzoylperoxid, Isopropylbenzolhydroperoxid) oder in Form ihrer Lösungen in unpolaren, in Wasser unlöslichen Lösungsmitteln (Trichlorethylen, Toluol) zugesetzt. Diese Initiatoren diffundieren durch das aufgepfropfte Polymere zu den an die Carboxy-Gruppen des Zellulose-Makromoleküls gebundenen Eisen(II)-Ionen. Dabei wird die Polymerisation des nicht konvertierten Styrols wieder in Gang gesetzt. Es bildet dann entweder Pfropfcopolymeres oder Homopolymeres. Letzteres wird in der Faserstruktur fest verankert und weder durch wiederholtes Waschen noch bei der Chemischreinigung entfernt. Für die Praxis eignet sich in der zweiten Verfahrensstufe das Redoxsystem Fe^{2+}/Isopropylbenzolhydroperoxid. Die summarische Styrol-Konversion macht nach diesem Zweistufenverfahren 99,5 bis 100% aus[263]. – Diese Methode, die es möglich macht, beim Aufpfropfen von Monomeren, die das entstehende Polymere zum Quellen bringen, die Monomerkonversion stark zu erhöhen, kann auch bei der Synthese anderer Zellulose-Pfropfcopolymere, z.B. beim Aufpfropfen von Polymethylmethacrylat oder von Polymethylvinylpyridin, angewendet werden.

Obwohl das diskontinuierliche Pfropfverfahren stark verbessert werden konnte, hat es in Anbetracht der vielen von Hand durchzuführenden Operationen und der Notwendigkeit, die Fasern ein zweites Mal zu behandeln und nach der Pfropfung erneut zu trocknen, keine besonderen Zukunftchancen. Stärkere Verbreitung können nur halbkontinuierliche bzw. kontinuierliche Verfahren finden.

Anstrebenswert für das Pfropfen auf Viskosefasern ist ein kontinuierliches Verfahren, bei dem die Pfropfung an der Spinnmaschine unmittelbar nach der Fadenbildung bzw. Verstreckung erfolgt. Für ein solches Verfahren müssen verschiedene Voraussetzungen erfüllt werden.

1. Die Pfropfung muß innerhalb einer sehr kurzen Zeitspanne von 20 bis höchstens 60 Sekunden erfolgen. Diese kurze Pfropfungsdauer wird deshalb gefordert, weil die Reaktion in einem einzigen Abschnitt der Spinn- oder Nachbehandlungsmaschine ablaufen sollte. Er müßte bei einer Fadengeschwindigkeit von 40 bis 50 m·min^{-1} und einer Pfropfungsdauer von 30 Sekunden bereits 20 bis 25 m lang sein. Selbst wenn der Faden mehrfach hin und her geführt wird, werden spezielle Katalysatorsysteme benötigt.

2. Weil zum Pfropfen in den meisten Fällen flüchtige Monomere verwendet werden, deren Dämpfe einen relativ hohen Dampfdruck besitzen, toxisch und explosiv sind, müssen entsprechend abgekapselte Maschinen benutzt werden. Um den Dampfdruck der Monomere in Grenzen zu halten, sollte die Pfropfung bei normaler oder nur geringfügig erhöhter Temperatur ablaufen.

Das schnelle Pfropfen von frisch ersponnenen Filamenten oder Fasern läßt sich, wie bereits festgestellt, nur bei Einsatz besonders wirksamer Initiatoren durchführen (s. S. 37). In solchen Systemen bildet das reduzierend wirkende niedrigsubstituierte Zellulosexanthogenat die eine Komponente (s. S. 37), die zweite Komponente können verschiedene Oxidationsmittel sein, aber auch reversible Dreikomponentensysteme. Die Pfropfungsbedingungen sind je nach Art des verwendeten Oxidationsmittels verschieden.

Für die schnelle Pfropfung wurden eine Reihe von Redoxsystemen vorgeschlagen, z.B. eines, in dem die Rolle der reduzierenden Komponente von Schwefelwasserstoff-Gruppen und die der oxidierenden Komponente von Wasserstoffperoxid übernommen wird[264]. Ein solches System ist bei der Herstellung von Pfropfcopolymeren der Zellulose (Viskosespinnfasern) mit Polyacrylnitril nach dem kontinuierlichen Verfahren von der Chemiefaser Lenzing AG (Österreich) eingesetzt worden[265]. Das Zellulosexanthogenat muß bei Verwendung dieses Systems einen relativ hohen Substitutionsgrad (SG 0,25) aufweisen. Außerdem ist die in der Lösung entstehende Menge Homopolymer verhältnismäßig hoch. Diese Mängel lassen sich ausschalten, wenn zur Initiierung ein Redoxsystem verwendet wird, das aus Zellulosexanthogenat und einem Eisen(III)-Salz[125] bzw. einer Vanadium(V)-Verbindung besteht[266].

Mit dem System Zellulosexanthogenat/Fe^{3+} können auf frisch ersponnenen Viskosefasern bei 50 °C innerhalb von 60 Sekunden 40 bis 50% Acrylnitril aufgepfropft werden. Ein weiterer Vorteil dieses Systems liegt darin, daß selbst bei längerem Stehenlassen der Lösung kein Homopolymer gebildet wird.

Wird beim Pfropfen mit dem Redoxsystem Zellulosexanthogenat/V^{5+} initiiert, verläuft die Pfropfpolymerisation unter Bildung von C–C-Bindungen zwischen der aufgepfropften Kette und der Zellulose[266]. Charakteristisch für das Verfahren ist, daß die Ketten des aufgepfropften synthetischen Polymeren verhältnismäßig kurz sind, was insbesondere für Polyacrylnitril (PG = 200–275) gilt.

3. Modifizierte Acetatfasern

Acetatfasern werden für die Herstellung verschiedener Bekleidungs- und Heimtextilien eingesetzt. Der Vorzug des für die Erzeugung dieser Faserart angewendeten Verfahrens liegt darin, daß bei ihm vergleichsweise fast keine schädlichen Abgase und Abwässer entstehen. Die Acetatfasern und die daraus hergestellten Textilien haben jedoch einige Mängel, wie elektrische Aufladbarkeit, geringe Scheuerfestigkeit und die Neigung zur Bildung von Falten (Knicken) beim Waschen, die sich durch Bügeln auch nur schwer wieder entfernen lassen.

Die Acetatfasern zählen zu den am stärksten aufladbaren Chemiefasern; ihr spezifischer elektrischer Widerstand liegt bei 10^{14} $\Omega \cdot m$. Deshalb sind Entwicklungen von Interesse, die die elektrostatische Aufladbarkeit herabsetzen.

1. Herabsetzung der elektrostatischen Aufladbarkeit durch Behandeln der fertigen Erzeugnisse mit oberflächenaktiven Antistatika[267]. Der so eingestellte Effekt ist jedoch nicht permanent.

2. Herabsetzung der elektrostatischen Aufladbarkeit durch oberflächliche Verseifung fertiger Erzeugnisse mit verdünnten Natriumhydrogencarbonat- bzw. Natriumhydroxid-Lösungen[268]. Dabei wird auf der Faseroberfläche eine dünne Regenerat-Zellulose-Schicht gebildet, die eine Verringerung der elektrostatischen Aufladung bewirkt. Dieses in der Praxis angewendete Verfahren besitzt aber einige Nachteile. Es führt zu Fasermasseverlusten, bewirkt eine zusätzliche Erniedrigung der Reiß- und Scheuerfestigkeit und stellt eine zusätzliche Behandlungsoperation dar.

3. Zusatz von antistatisch wirkenden nieder- oder hochmolekularen hydrophilen Substanzen zu den Spinnlösungen. Sie müssen bei der nachfolgenden Fadenbildung in die Faserstruktur eingebaut werden. Von den niedermolekularen Antistatika sind die quaternären Ammonium-Salze am wirksamsten, die Alkyl-Gruppen mit einer großen Anzahl von Kohlenstoffatomen enthalten[269]. Diese Antistatika wandern aber beim Gebrauch der Erzeugnisse allmählich an die Faseroberfläche und werden dann abgewaschen.

Als wesentlich wirksamer erweist sich der Zusatz von hochmolekularen Verbindungen mit polaren Gruppen. Zu solchen Verbindungen gehören z.B. siliciumorganische Polymere, die den Spinnlösungen in Mengen von 0,5 bis 1,0% der Zelluloseacetat-Masse zugesetzt werden[270]. Das Vorzeichen der auf diesen Polymeren entstehenden elektrischen Ladung ist dem Vorzeichen der Ladung auf dem Zelluloseacetat entgegengesetzt, so daß sich die beiden Ladungen gegenseitig neutralisieren. In jüngster Zeit ist vorgeschlagen worden, zur Einstellung dieses Effektes den Spinnlösungen „Styromal", ein Copolymeres als Styrol und Maleinsäureanhydrid, zuzusetzen. Es wird mitgeteilt[271], daß der spezifische elektrische Widerstand einer Acetatfaser, die, bezogen auf die Zelluloseacetat-Masse, 5% Styromal enthält, drei Größenordnungen niedriger liegt. Dieser Effekt hängt mit der Bildung von COONa-Gruppen zusammen, die bei der alkalischen Behandlung der Fasern mit Sodalösung infolge der Öffnung des Anhydrid-Ringes stattfindet. Die industrielle Nutzung dieses Verfahrens wäre von erheblichem Interesse, doch bereitet die Unverträglichkeit des Zelluloseacetats mit dem der Spinnlösung zugesetzten Polymeren manchmal gewisse Schwierigkeiten (Erspinnen von Fasern aus Polymermischungen). Diese Schwierigkeiten entstehen nicht, wenn die Spinnlösungen neben dem Zelluloseacetat auch noch Pfropfcopolymere des Zelluloseacetats enthalten.

4. Synthese von Copolymeren eines freie Hydroxy-Gruppen enthaltenden Zelluloseacetats (sekundäres Zelluloseacetat) mit polaren Polymeren. Dazu wurde auf Zelluloseacetat Polymethacrylsäure aufgepfropft und die Spinnlösung aus Zelluloseacetat und dem Copolymeren zu Fasern versponnen. Sie standen hinsichtlich Festigkeit und Dehnung den herkömmlichen Acetatfasern nicht nach, hatten jedoch einen niedrigereren elektrischen Widerstand und bessere Scheuerfestigkeit[272]. Praktisch wird dieses Verfahren aber noch nicht angewendet, weil die Viskosität äquikonzentrierter Lösungen bei Zusatz des Zelluloseacetat-Copolymeren stark ansteigt. Zur Beseitigung dieses Nachteils mußte ein Verfahren ausgearbeitet werden, bei dem die aufgepfropfte Kette unter Bildung eines mikroheterogenen Systems globulisiert wird und das Pfropfcopolymere in entsprechender Weise

in die disperse Phase übergeht. Beim Arbeiten mit einer solchen Variante wird beim Zusatz des Zelluloseacetat-Pfropfcopolymeren kein merklicher Anstieg der Viskosität der Spinnlösungen mehr beobachtet. Ein solches Verfahren ist in den letzten Jahren im Laboratorium des Moskauer Textilinstituts ausgearbeitet worden. Dabei wurden Dispersionen von Zelluloseacetat-Pfropfcopolymeren erhalten, deren aufgepfropfte Ketten wasserlöslich oder aber auch wasserunlöslich sind[273]. Die Herabsetzung der Aufladbarkeit ließ sich jedoch nur bei Verwendung von Copolymeren erzielen, deren aufgepfropfte Ketten hydrophil waren. Am interessantesten davon sind das Pfropfcopolymere des Zelluloseacetats mit dem polymeren Salz des Polymethylvinylpyridiniums, das durch Alkylieren von 2-Methyl-5-vinylpyridin mit Dimethylsulfat erhalten wird sowie die entsprechenden Copolymeren mit Polyacryl- bzw. Polymethacrylsäure oder deren Salzen.

Während die aufzupfropfenden Monomeren in Wasser-Aceton-Gemischen löslich sind, sind die entstehenden Polymeren, d.h. die Co- und die Homopolymeren, darin nicht löslich. Deshalb werden beim Arbeiten in organischen Lösungsmitteln, insbesondere in Aceton-Wasser-Gemischen, keine Pfropfcopolymer-Lösungen, sondern Pfropfcopolymerdispersionen erhalten.

Der Einsatz von Dispersionen der Zelluloseacetat-Copolymeren in organischen Lösungsmitteln (Organodispersionen) hat gegenüber der Verwendung von Lösungen derselben Pfropfcopolymere eine ganze Reihe von Vorteilen. Die Polymerkonzentration der Spinnlösungen läßt sich bedeutend erhöhen, ohne daß ihre Viskosität ansteigt. Die Organodispersionen der Copolymere sind in den Spinnlösungen ausreichend stabil. Außerdem ist der Verbrauch an Lösungsmitteln kleiner, was folgenschwer ist.

Für die Synthese von Pfropfcopolymer-Dispersionen werden Spinnlösungen des sekundären Zelluloseacetats mit einem Substitutionsgrad von 2,5 verwendet. Bei dem Prozeß muß die maximal mögliche, mindestens 99%ige Konversion des Monomeren, das entweder co- oder homopolymerisiert wird, erreicht werden. Die Pfropf- und die Homopolymerisation werden in Aceton vorgenommen. Deshalb wird die radikalische Polymerisation durch acetonlösliche Substanzen, insbesondere durch das Azo-bis-isobuttersäuredinitril (I) bzw. durch das Dicyclohexylpercarbonat (II) initiiert:

$$NC-\underset{\underset{CH_3}{|}}{\overset{\overset{CH_3}{|}}{C}}-N=N-\underset{\underset{CH_3}{|}}{\overset{\overset{CH_3}{|}}{C}}-CN \qquad \langle\!\!\!\bigcirc\!\!\!\rangle-O\underset{\underset{O}{\|}}{C}-OO-\underset{\underset{O}{\|}}{C}-\langle\!\!\!\bigcirc\!\!\!\rangle$$

$$\text{I} \qquad\qquad\qquad \text{II}$$

Die entstehende Organodispersion enthält ca. 22 bis 25% Trockensubstanz. Davon entfallen auf das gepfropfte und das Ausgangszelluloseacetat ca. 70%, die restlichen 30% auf das synthetische Homopolymere bzw. das aufgepfropfte Polymere. Die Teilchen des Pfropfcopolymeren haben einen Radius von 0,05 bis 0,3 nm. Die Organodispersion ist ausreichend stabil, ihre Viskosität bleibt einige Monate unverändert. Dies ist wahrscheinlich auf die hohe Viskosität des Mediums zurückzuführen.

Den Spinnlösungen wurden, bezogen auf die Zelluloseacetat-Masse, 5 bis 20% der Organdispersion des Zelluloseacetat-Pfropfcopolymeren zugesetzt. Dann wurden sie unter üblichen Bedingungen nach dem Trockenverfahren zu Fasern versponnen. Die Aufladbarkeit der Fasern änderte sich sogar bei einem Zusatz von 20% zunächst nur geringfügig. Durch nachfolgendes Alkylieren über das Stickstoff-Atom, also durch die Bildung des Methylvinylpyridinium-Salzes, wurde dann der elektrische Widerstand der Fasern jedoch um drei Größenordnungen gesenkt[274]. Die höchste Leitfähigkeit weisen Acetatfasern auf, auf die eine quaternäre Polymethylvinylpyridinium-Base aufgepfropft wird. Durch Einführen einer kleinen Menge des Polymethylvinylpyridinium-Salzes (2,5 bis 5%) wird der elektrische Widerstand der Fasern um zwei Größenordnungen erniedrigt und ihre Scheuerfestigkeit 6- bis 7mal erhöht. Die Faserfestigkeit bleibt dabei unverändert.

Bei diesen beachtlichen Ergebnissen muß aber auch darauf hingewiesen werden, daß diese Art von Pfropfcopolymeren des Zelluloseacetats nur geringe Einsatzaussichten hat, weil die Fasern bzw. daraus hergestellten Erzeugnisse bei längerer Lichteinwirkung bzw. beim Bügeln vergilben. Die Ursache dafür liegt in der Licht- und Hitzeunbeständigkeit der Pyridin- und Methylvinylpyridin-Ringe. Bei der Ringsprengung entstehen konjugierte Bindungen.

Diese Nachteile treten nicht auf, wenn Pfropfcopolymere aus Zelluloseacetat und Methacrylsäure bzw. ihren Salzen verwendet werden. Enthalten die Spinnlösungen, bezogen auf die Zelluloseacetat-Masse, z.B. 10% aufgepfropfte Polymethacrylsäure oder ihres Homopolymeren, so sinkt der elektrische Widerstand der Fasern auf 1/10, wird die zugesetzte Copolymer-Menge auf 30% erhöht, fällt der elektrische Widerstand sogar um drei Größenordnungen[275]. Werden der Spinnlösung, bezogen auf die Zelluloseacetat-Masse, 5% Polymethacrylsäure zugesetzt, so wird neben einer gewissen Herabsetzung des elektrischen Widerstandes eine 2 bis 3mal höhere Scheuerfestigkeit sowie ein um 15 bis 20% höheres Wasseraufnahmevermögen der Fasern erzielt.

Pfropfcopolymere aus Zelluloseacetat und Polymethacrylsäure sollten den Spinnlösungen nicht in Form von Organodispersionen zugesetzt werden, weil die in diesen Copolymeren vorhandenen freien Carboxy-Gruppen zur Korrosion der Apparaturen und der Leitungen sowie zur Strukturierung der Spinnlösungen und damit zur Erhöhung ihrer Viskosität führen. Deshalb werden beim Pfropfen anstelle der Methacrylsäure ihre Salze eingesetzt. Der Charakter des im verwendeten Salz der Polymethacrylsäure enthaltenen Kations hat aber nun wieder einen wesentlichen Einfluß auf die Leitfähigkeit der Fasern. Am stärksten wird der elektrische Widerstand der Fasern mit Natrium- und Lithium-Salzen herabgesetzt. Für die Praxis haben sich die Natrium-Salze der Polymethacrylsäure bewährt.

Beim Aufpfropfen von Natriummethacrylat wurde das Redoxsystem Cumolhydroperoxid/Natriumsulfit/Hydrochinon verwendet. Die entstehende Organodispersion stellte ein Gemisch dar, das aus dem Pfropfcopolymeren des Zelluloseacetats, dem nicht umgesetzten Zelluloseacetat und dem Homopolymeren des Natrium-Salzes oder Polymethacrylsäure bestand. Die Fasern wurden nach dem üblichen Schema ersponnen[276].

Nach den besprochenen Verfahren lassen sich wohl die Leitfähigkeit und die Scheuerfestigkeit der Acetatfaser verbessern, nicht aber die geringe Formstabilität der aus ihnen hergestellten Textilien. Zur Lösung dieses Problems bedarf es weiterer systematischer Untersuchungen. Lösungsansätze bietet möglicherweise das Vernetzen von Fasern aus sekundärem Zelluloseacetat z.B. mit Dimethylolharnstoff oder Diisocyanat. In Versuchen[277] konnte gezeigt werden, daß es möglich ist, die Elastizität von Acetatfasern und das Knitterverhalten der Textilien mit einer solchen Ausrüstung wesentlich zu verbessern.

Ein anderes Ziel, nämlich die Herstellung von lichtbeständigen und wollähnlichen Acetatfasern, läßt sich durch Zusatz einer Dispersion des Pfropfcopolymeren aus Zelluloseacetat und Polyacrylnitril zur Spinnlösung erreichen[273].

4. Öl- und wasserabweisende Textilien

Die Entwicklung von ölabweisenden Stoffen mit permanent hohen Hygienekennwerten ist für Beschäftigte einiger Industriezweige, insbesondere der Erdöl- und der erdölverarbeitenden Industrie, von Bedeutung.

Um zellulosische Textilien zu erhalten, die wasser- und ölabweisend sind, d.h. weder von Wasser noch von Öl benetzt werden, muß ihre Oberflächenenergie stark herabgesetzt werden. Diese Forderung wird erfüllt, wenn in die Faseroberflächenschicht fluororganische Verbindungen eingeführt werden. Wie stark die Oberflächenenergie zellulosischer Materialien verringert wird, bestimmt der Aufbau der eingesetzten Verbindung.

Der Einfluß, den die Struktur fluororganischer Verbindungen auf die Verringerung der Oberflächenenergie zellulosischer Materialien ausübt, wurde in zahlreichen sowohl in der Sowjetunion als auch im Ausland durchgeführten Arbeiten untersucht[278]. Darin ist festgestellt worden, daß das Molekül der fluororganischen Verbindung mindestens vier CF_2-Gruppen besitzen muß, um das Material ölabweisend zu machen. Der angestrebte Effekt wird so lange verstärkt, bis die Anzahl dieser Gruppen 7 bis 8 beträgt. Eine weitere Erhöhung der CF_2-Gruppen bringt keine zusätzliche Verbesserung des Effekts.

Wenn die Zellulose gleiche Mengen verschiedener fluororganischer Verbindungen enthält, stellt sich die niedrigste Oberflächenspannung (daher auch die beste ölabweisende Wirkung) an Fasern mit fluororganischen Verbindungen, insbesondere Fluoracrylaten ein, die in der Kette eine endständige CF_3-Gruppe besitzen[279]. Beim Austausch dieser Gruppe gegen die CF_2Cl- und besonders gegen die CHF_2-Gruppe werden die ölabweisenden Eigenschaften des Materials stark verschlechtert.

Charakteristisch für Verfahren zur Herstellung von ölabweisenden zellulosische Materialien ist, daß die aufzubringende Menge an fluororganischen Verbindungen relativ klein (1 bis 2% der Zellulose-Masse) ist.

Ölabweisende Gewebe können entweder durch Ausrüsten mit Lösungen bzw. Emulsionen nieder- oder hochmolekularer Verbindungen oder aber durch chemische Modifizierung der Zellulose erhalten werden. Praktische Bedeutung, insbesondere in den USA, bekam das erstmals von Codding und Mitarb.[280] 1955 beschriebene Ausrüsten mit wäßrigen Emulsionen der Fluoralkylester der Acryl- und der Methacrylsäure. Die ölabweisenden Eigenschaften der so erhaltenen Textilien sind gut, gehen jedoch nach einigen Wäschen mit Seife wieder verloren.

Ölabweisende zellulosische Textilien, die auch nach wiederholten Naßbehandlungen (20 bis 30 Wäschen) ölabweisend bleiben, können nur durch chemische Anlagerung der Organofluor-Verbindungen erhalten werden. Grundsätzlich lassen sich dazu alle Methoden einsetzen, die für die chemische Umwandlung der Zellulose geeignet sind (s. S. 60). Aussichten auf praktische Anwendung haben jedoch nur zwei von ihnen, und zwar die Synthese von Pfropfcopolymeren der Zellulose mit fluorhaltigen Monomeren und die O-Alkylierung. Heute werden nach diesen beiden Verfahren in der Sowjetunion in halbtechnischem und technischem Maßstab beachtliche Mengen zellulosische Gewebe bzw. Gewebe aus Mischungen zellulosischer und synthetischer Fasern hergestellt.

Für die Synthese von fluorhaltigen Copolymeren der Zellulose können verschiedene Vinylmonomere verwendet werden, die in der Seitenkette mindestens vier CF_2-Gruppen und eine endständige CF_3-Gruppe besitzen und nach dem radikalischen Mechanismus polymerisierbar sind. Dazu zählen die Vinylester der Fluorcarbonsäuren, die durch Vinylieren dieser Säuren, z.B. durch Vinylieren der Perfluorbuttersäure mit Acetylen in Gegenwart von Quecksilberoxid[281], erhalten werden:

$$HC\equiv CH \ + \ C_3F_7-\underset{\underset{O}{\|}}{C}OH \ \xrightarrow{HgO} \ H_2C=CH-O-\underset{\underset{O}{\|}}{C}-C_3F_7$$

Polymere von Estern der Perfluorcarbonsäuren sind jedoch leicht hydrolysierbar. Daher ist ihre praktische Verwendung problematisch.

Wesentlich höher ist die Hydrolysebeständigkeit der Acryl- bzw. Methacrylsäureester perfluorierter Alkohole, die gemäß nachstehendem Schema hergestellt werden:

$$H_2C=\underset{X}{\overset{X}{C}}-\underset{\underset{O}{\|}}{C}R \ + \ HOCH_2(CF_2)_nCF_3 \ \longrightarrow \ H_2C=\underset{X}{\overset{X}{C}}-\underset{\underset{O}{\|}}{C}O-CH_2(CF_2)_nCF_3 \ + \ RH$$

X = H, CH$_3$
R = OH, Cl

Solche Ester hydrolysieren selbst bei erhöhten Temperaturen nicht.

Die α,α-Dihydroperfluoralkylacrylate wurden aus wäßrigen Emulsionen durch radikalische Polymerisation auf die Zellulose gepfropft, wobei das Redoxsystem Fe^{2+}/H_2O_2 bzw. Kaliumpersulfat[282] oder das reversible System Fe^{2+}/H_2O_2/Ascorbinsäure[283] zum Einsatz kam. Es genügt, auf die Zellulose 1,0 bis 1,5% dieses Polymers aufzupfropfen, um es ölabweisend zu machen. Der erzielte Effekt bleibt noch nach 20 Waschbehandlungen erhalten.

Die größten Schwierigkeiten bei der großtechnischen Durchführung dieses Verfahrens bereitet die Herstellung stabiler Emulsionen fluorhaltiger Monomere. Hierfür bedarf es spezieller Stabilisatoren oder muß mittels Ultraschall emulgiert werden. Es wurde auch versucht, anstelle von Acryl- bzw. Methacrylsäure andere ungesättigte Säuren, insbesondere die Vinylsulfosäure, zu verwenden. Die Veresterung dieser Säure mit dem α,α-Dihydroperfluorbutanol ist nach folgendem Schema realisiert worden[284]:

$$H_2C=CH-SO_2Cl \ + \ HOCH_2-CF_2-CF_2-CF_3 \ \xrightarrow{org.\ Base}$$
$$H_2C=CH-SO_2-O-CH_2-CF_2-CF_2-CF_3 \ + \ 2\ HCl$$

Die Reaktionsfähigkeit dieses fluorierten Monomeren bei der radikalischen Polymerisation ist nur gering. Es gelang deshalb nicht, nach gängigen Methoden der radikalischen Polymerisation einigermaßen bedeutende Mengen Fluor in das Zellulose-Makromolekül einzuführen.

Dadurch, daß auf die Zellulose der Vinylphosphonsäureester des α,α-Dihydroperfluorbutanols

$$H_2C=CH-\underset{\underset{O}{\|}}{P}(O-CH_2-CF_2-CF_2-CF_3)_2$$

aufgepfropft wurde, ist es gelungen, Pfropfcopolymere zu synthetisieren, die 1 bis 2% des polymeren fluorhaltigen Esters enthalten. Daraus hergestellte Gewebe sind ölabweisend und bleiben es auch noch nach 20 Waschbehandlungen[285]. Dieses Verfahren ist auch für die Praxis interessant.

Fluoralkylester der Acrylsäure (α,α-Dihydroperfluorbutylacrylat) sind auch unter Anwendung von Ultraviolett-[286] und γ-Strahlung[287] aufgepfropft worden. Für die Praxis sind diese Verfahren von geringerer Bedeutung.

Sowjetische Forscher haben ein Verfahren zur Synthese von Pfropfcopolymeren der Zellulose mit Polytetrafluorethylen ausgearbeitet. Davon genügen für einen gegen mehrfache Behandlung mit wäßrigen Alkalilösungen resistenten oleophoben Effekt 1,5 bis 2%[288]. Die Pfropfung läßt sich jedoch nur in Spezialapparaturen bei Drücken von 1,5 bis 2 MPa durchführen. Dadurch wird die praktische Nutzung des Verfahrens erschwert.

Ein wichtiges Verfahren zur Herstellung ölabweisender Zellulose-Materialien ist die *O*-Alkylierung der Zellulose. Dieses Verfahren entspricht dem Färben von Zellulose mit Reaktivfarbstoffen[289] und der Knitterarmausrüstung zellulosischer Textilien[6] (S. 420). Zur Herstellung von fluorhaltigen Zelluloseethern nach dem *O*-Alkylierungsverfahren wurden folgende Reaktionen benutzt:

— Umsetzung der Zellulose mit α,β-ungesättigten Verbindungen,
— Behandlung der Zellulose mit fluorhaltigen quaternären Ammonium-Salzen,
— Behandlung mit *N*-Methylol-Verbindungen.

Das *O*-Alkylieren der Zellulose mit α,β-ungesättigten Verbindungen ist von Rogowin und Sletkina[201] nach dem Schema durchgeführt worden:

$$\text{Zellulose-OH} + F_2C=CFX \xrightarrow{NaOH} \text{Zellulose-O-CF}_2\text{-CHFX}$$

$$X = F, Cl, CF_3$$

Zum Färben von Zellulose werden auch reaktive Vinylsulfon-Farbstoffe eingesetzt, die auf der Basis schwefelsaurer Ester des 4-β-Oxyethylsulfonyl-2-aminoanisols bzw. des 4-β-Oxyethylsulfonylanilins beruhen. Um an die Zellulose fluororganische Gruppen anzulagern, werden entsprechende fluorhaltige Schwefelsäureester eingesetzt:

Im alkalischen Medium gehen diese Ester in Vinyl-Derivate über, die sich mit Verbindungen mit beweglichem Wasserstoff-Atom, z.B. der Zellulose, umsetzen:

Dieses Zellulose-Derivat ist relativ einfach darzustellen. Es ist schon mit geringem Fluor-Gehalt öl- und wasserabweisend[290].

Der wesentliche Nachteil dieser Verfahrensvariante ist die geringe Alkalihydrolyse-Beständigkeit der Verbindung I. Deshalb entstehen Nebenprodukte, die sich mit der Zellulose nicht umsetzen können. Dadurch steigt der Verbrauch an fluororganischen Verbindungen, deren Kosten die Wirtschaftlichkeit und die Chancen dieses Verfahrens bestimmen.

Berni und Mitarb.[291] stellten oleophobe Zellulose-Materialien her, indem sie auf Zellulose Fluoralkyloxyglycidylether einwirken ließen:

$$\text{Zellulose-OH} + \overset{O}{\underset{}{\triangleright}}\text{-CH}_2\text{-O-CH}_2\text{-R} \longrightarrow \text{Zellulose-O-CH}_2\text{-}\underset{\underset{OH}{|}}{CH}\text{-CH}_2\text{-O-CH}_2\text{-R}$$

R = Perfluoralkyl mit 3 bis 8 Kohlenstoff-Atomen

Diese Reaktion wird durch Zinkfluorborat katalysiert.

Viel bessere Aussichten müssen der Alkylierung der Zellulose mit fluorhaltigen quaternären Ammonium-Verbindungen eingeräumt werden. Sie sind die einzigen wasserlöslichen fluororganischen Verbindungen.

Geeignet für die Alkylierung sind fluorhaltige quaternäre Ammonium-Verbindungen, die bei Zimmertemperatur stabile wäßrige Lösungen ergeben, beim Erhitzen unter Bedingungen, die keinen Zellulose-Abbau herbeiführen, nach dem Entfernen des Wassers leicht aufgespalten werden und hochreaktionsfähig sind. Die Alkylierung der Zellulose mit fluorhaltigen quaternären Ammonium-Verbindungen (Pyridinium-Verbindungen) verläuft nach folgendem Schema:

$$\text{Zellulose-OH} + \underset{\underset{O}{\|}}{R-C}-NH-CH_2-\overset{+}{N}\langle \rangle \longrightarrow$$

$$\text{Zellulose-O-CH}_2-NH-\underset{\underset{O}{\|}}{C}-R + N\langle \rangle + HCl$$

R = Perfluoralkyl

Bei erhöhten Temperaturen (110 bis 120 °C) zerfallen die quaternären Ammonium-Verbindungen unter Abspaltung von Pyridin und Chlorwasserstoff, während sich das fluorhaltige Radikal an die Zellulose anlagert.

Die Umsetzung der Zellulose mit dem quaternären Ammonium-Salz der fluorierten Säure findet, wie elektronenmikroskopische Untersuchungen[292] gezeigt haben, nur in der äußeren Faserschicht von 1,5 bis 3% der Faserquerschnittsfläche statt.

Es ist interessant, daß die beim wiederholten Waschen manchmal eintretende Verschlechterung der Oleophobie wieder völlig behoben werden kann, indem die Textilien kurzzeitig Temperaturen von 120 bis 170 °C ausgesetzt werden. Wahrscheinlich werden dabei die in der äußeren Faserschicht entstandenen Risse infolge der bei höheren Temperaturen eintretenden Erweichung wieder geschlossen (Wiederherstellung der Einheit).

Eine ähnliche Umsetzung wurde bereits vor 10 bis 20 Jahren ausgeführt, um zellulosische Textilien zu hydrophobieren. Dazu wurden quaternäre Pyridinium-Basen eingesetzt, die als Alkyl-Gruppe ein hydrophobes Kohlenwasserstoff-Radikal mit 15 bis 17 Kohlenstoff-Atomen enthielten. Da nun beim Alkylieren der Zellulose – wie beschrieben – Pyridin frei wurde, das die Arbeitsbedingungen beeinträchtigte, ließ sich das Verfahren nicht in die Praxis einführen. Zur Lösung dieses Problems wurde vorgeschlagen, Poly-2-methyl-5-vinylpyridin

$$\cdots-CH_2-CH-\cdots$$
(pyridine ring with CH₃ substituent)

zu verwenden, bei dessen Anwendung keine Abscheidung des niedermolekularen Amins erfolgt. So läßt sich nun auch die fluororganische Verbindung an die Zellulose anlagern[293].

Eine stabilere Verbindung bildet sich, wenn das Pfropfcopolymere aus Zellulose und Polymethylvinylpyridiniumhydroxid mit Perfluorcarbonsäure behandelt wird. Der dadurch eingestellte oleophobe Effekt ist gegenüber wiederholter Chemischreinigung beständig, jedoch nicht gegenüber mehrmaliger Behandlung mit wäßrigen Alkali-Lösungen. Diesem Verfahren haftet der Nachteil an, daß die Aufpfropfung des Polymethylvinylpyridins und folglich auch der Perfluorcarbonsäure nicht nur auf der Faseroberfläche stattfindet, sondern über den gesamten Faserquerschnitt erfolgt. Dadurch ist der Verbrauch an Perfluorcarbonsäure entsprechend größer.

Nach der zweiten Verfahrensvariante wird das niedermolekulare Methylvinylpyridin-Polymere (Oligomere) mit fluorhaltigen Verbindungen alkyliert. Mit der erhaltenen Verbindung wird dann die Zellulose behandelt. Die Reaktion verläuft nach dem auf S. 87 angeführten Schema[294]. In diesem Falle wird beim Erhitzen nicht das toxische Pyridin freigesetzt, sondern das Oligomere, das sich bei der anschließenden Wäsche aus dem Gewebe gut entfernen läßt. Um die Ausbeute des Reaktionsprodukts zu erhöhen, wird das Oligomere mit dem Chlormethylester des Perfluorcarbonsäuremonoethanolamids alkyliert. Die entstehende quaternäre Pyridinium-Verbindung setzt sich mit der Zellulose um

$$\cdots-CH_2-CH-\cdots$$
(quaternized pyridinium with $-CH_2-O-CH_2-CH_2-NH-\underset{O}{\underset{\|}{C}}(CF_2)_nCF_3$, Cl^-, CH₃ on ring)

und zersetzt sich, nachdem das Wasser entfernt wurde, bei 120 bis 130 °C unter Bildung des fluorhaltigen Zellulose-Derivats und des oligomeren Amins:

Zellulose—OH + [quaternary pyridinium compound with $-CH_2-O-CH_2-CH_2-NH-\underset{O}{\underset{\|}{C}}(CF_2)_nCF_3$, Cl^-, CH₃] ⟶

Zellulose—O—CH₂—O—CH₂—CH₂—NH—$\underset{O}{\underset{\|}{C}}$(CF₂)$_n$CF₃ + $\cdots-CH_2-CH-\cdots$ (pyridine · HCl, CH₃)

Das Zellulose-Derivat mit einem Fluor-Gehalt von 1 bis 1,5 % ist gegenüber wiederholten Naßbehandlungen durchaus beständig. Dieses Verfahren hat Aussichten, breite Anwendung in der Praxis zu erlangen.

Fluoralkyl-Radikale enthaltende Zellulosen können auch durch Umsetzen der Zellulose mit fluorhaltigen Chlortriazin-Derivaten dargestellt werden. Dazu läßt sich die Reaktion des Chlortriazins beim Färben zellulosischer Gewebe mit Reaktivfarbstoffen einsetzen. Um in das Zellulose-Makromolekül kleine Mengen fluororganischer Verbindungen einzuführen, werden als Ausgangsprodukte fluorhaltige mono- und disubstituierte Chlortriazine, insbesondere das 2,4-Di(α,α-dihydroperfluorbutyloxi)-6-chlortriazin oder das 2-(α,α-Dehydroperfluorheptyloxy)-4,6-dichlortriazin verwendet[295]. Diese Derivate werden durch Umsetzen von 2,4,6-Trichlortriazin mit fluorierten Alkoholen dargestellt:

Die Umsetzung mit der Zellulose spielt sich entsprechend dem nachstehenden Schema ab:

Schon bei sehr niedriger Substituierung (0,005 bis 0,01) der Hydroxy-Gruppen mit fluorhaltigen Triazin-Gruppen werden zellulosische Erzeugnisse erhalten, die Wasser und Öl gut abweisen.

Diese Verfahrensvariante hat jedoch den Nachteil, daß das Triazinfluor-Derivat nicht wasserlöslich ist und deshalb in organischen Lösungsmitteln gearbeitet werden muß.

Die Reaktionsfähigkeit von Halogen-Derivaten der Triazine, insbesondere der Monochlor-Derivate, wird stark erhöht, wenn sie in wasserlösliche quaternäre Pyridinium-Verbindungen übergeführt werden:

R_F = Fluoralkyl

Damit kann jedoch in der Praxis kaum gearbeitet werden, weil beim anschließenden Erhitzen der Anlagerungsprodukte auf 120 °C und dem dabei stattfindenden Zerfall des quaternären Salzes ebenfalls das toxische Pyridin frei wird.

Die Trichlortriazine lassen sich in fluorhaltige N-Methylol-Derivate überführen, die mit nukleophilen Verbindungen sowohl in saurem als auch alkalischem Medium reagieren[296]:

$R = -(CH_2)_2NH-\underset{\underset{O}{\|}}{C}-C_6F_{13}$

Öl- und wasserabweisende Textilien 95

Dabei finden auch Nebenreaktionen statt, wie die Polykondensation der *N*-Methylol-Verbindung und die Formaldehyd-Abspaltung.

Fluorhaltige *N*-Methylolaminotriazine sind nach folgendem Schema synthetisiert worden[297]:

$$\underset{\underset{Cl}{|}}{\overset{\overset{Cl}{|}}{\text{Triazin}}} \xrightarrow{ROH} \overset{Cl}{\text{Triazin(OR)}_2} \xrightarrow{NH_3} \overset{NH_2}{\text{Triazin(OR)}_2} \xrightarrow{CH_2O} \overset{HN-CH_2OH}{\text{Triazin(OR)}_2}$$

$$R = -(CH_2)_2NH-\underset{\underset{O}{\|}}{C}-C_6F_{13}$$

Bei der Umsetzung eines solchen *N*-Methylol-Derivats mit der Zellulose werden die entsprechenden fluorhaltigen Zellulose-Derivate erhalten:

Zellulose—OH + [HN—CH$_2$OH-Triazin(OR)$_2$] ⟶ [HN—CH$_2$—O—Zellulose-Triazin(OR)$_2$]

$$R = -(CH_2)_2NH-\underset{\underset{O}{\|}}{C}-C_6F_{13}$$

Diese niedrigsubstituierten Zellulose-Derivate (Substitutionsgrad von 0,005 bis 0,01) sind mit zwei, ja sogar nur einer Fluoralkyl-Gruppe gegenüber wäßrigen Alkali-Lösungen durchaus beständig.

Der Nachteil des Verfahrens besteht darin, daß die perfluorhaltigen *N*-Methylol-Derivate in Wasser nicht löslich sind und daß sich mit ihnen stabile wäßrige Emulsionen nur schwer herstellen lassen. Deshalb wurde ein neues effektives und wirtschaftliches Verfahren zur Herstellung oleophober zellulosischer Gewebe ausgearbeitet, bei dem die Zellulose mit fluororganischen Polymeren behandelt wird, die reaktionsfähige, zur Umsetzung mit den Hydroxy-Gruppen der Zellulose befähigte Gruppen enthalten[298]. Eine der dazu besonders geeigneten Substanzen ist das Copolymere des α,α-Dihydroperfluorheptylacrylats mit dem *N*-Methylolmethacrylamid, das folgende Struktur aufweist:

$$\cdots \text{+CH}_2-\underset{\underset{O=CO-CH_2(CF_2)_5CF_3}{|}}{\text{CH}}\text{+}_n \quad \text{+CH}_2-\underset{\underset{CO-NH-CH_2OH}{|}}{\overset{\overset{CH_3}{|}}{C}}\text{+}_m \cdots$$

Dadurch, daß im Copolymeren *N*-Methylol-Gruppen vorhanden sind, kann es sich mit den Hydroxy-Gruppen des Zellulose-Moleküls umsetzen.

Die durchschnittliche relative Molekülmasse des nach dem Emulsionsverfahren erhaltenen Copolymeren beträgt 15 000 bis 18 000. Der Anteil der Methylol-Gruppen machte im Copolymeren ca. 3 % aus, d.h. daß auf 1 mol Methylolacrylamid ca. 10 mol des fluorhaltigen Monomeren entfielen. Versuche haben gezeigt, daß unter den Bedingungen, unter denen die Umsetzung vorgenommen wurde, praktisch alle Methylol-Gruppen mit den Hydroxy-Gruppen des Zellulose-Makromoleküls umgesetzt wurden. Bei gleichem Fluor-Gehalt weisen die Eigenschaften des nach der geschilderten Methode der Amidomethylierung der Zellulose erhaltenen Materials gegenüber den Eigenschaften der durch Pfropfcopolymerisation modifizierten Zellulose keine Unterschiede auf.

Tab. 4.1 Einfluß des Charakters der an die Zellulose angelagerten fluorhaltigen Substanz auf die Benetzbarkeit und die Oleophobie der zellulosischen Gewebe

Chemische Zusammensetzung des Substituenten im Zellulose-Derivat		$\theta°$ $CH_3(CH_2)_{11}OH$	σ_k $N \cdot mm^{-1}$	μ nach Übereinkunft festgelegte Einheit
$CF_3(CF_2)_3CO-NH(CH_2)_2OCH_2-$		110	–	90
$CF_3(CF_2)_5CO-NH(CH_2)_2OCH_2-$		149	12,1	110–120
$CF_3(CF_2)_7CO-NH(CH_2)_2OCH_2-$		160	10,2	120–130
$CF_3(CF_2)_2O(CF-CF_2O)_n-CF-CO-NH(CH_2)_2OCH_2-$ $||$ CF_3CF_3	$n = 1$ $n = 5$	148 175	12,3 8,4	110–120 130–140
$H(CF_2)_6CO-NH(CH_2)_2OCH_2-$		115	–	80
$CF_3(CF_2)_5CO-NH(CH_2)_2O$![triazine ring with NH_2 and HN-CH_2-]		154	–	110–120
$+CH_2-CH+$ $|$ $COOCH_2(CF_2)_nCF_3$	$n = 2$ $n = 5$	105 155	15,5 11,6	90 120
Polyethylenterephthalat-Faser		32	27	0
Polytetrafluorethylen-Faser		–	23	0

$\theta°$ Randwinkel
σ_k kritische Oberflächenenergie
μ Oleophobie, in nach Übereinkommen festgelegten Einheiten

Der Vorzug dieses Verfahrens gegenüber der Pfropfcopolymerisation besteht darin, daß die Homopolymer-Bildung unterbleibt, die einen vermehrten Monomer-Verbrauch zur Folge hätte und das Verfahren technologisch komplizierter machte.

Tab. 4.1 enthält Angaben[298] über den Einfluß, den der Charakter der an die Zellulose angelagerten fluorhaltigen Verbindung auf die Veränderung der Benetzbarkeit und damit auch der Oleophobie zellulosischer Fasern und Gewebe ausübt. Diesen Angaben ist zu entnehmen, daß die Oleophobie der modifizierten zellulosischen Gewebe in starkem Maße von der chemischen Zusammensetzung der an die Zellulose angelagerten fluorhaltigen Gruppe abhängt. Der stärkste Effekt wird wiederum erreicht, wenn die Gruppen eine endständige CF_3-Gruppe besitzen und das fluororganische Radikal mindestens 4 bis 6 Kohlenstoff-Atome hat.

Die Behandlung des Gewebes mit den fluorhaltigen Chemikalien muß unter Bedingungen vorgenommen werden, die die maximale Orientierung dieser Gruppierungen auf der Gewebeoberfläche gewährleisten.

Das Wasseraufnahmevermögen und die Hygieneeigenschaften der zellulosischen Gewebe mit kleinen Mengen fluororganischer Gruppen unterscheiden sich nicht von vergleichbaren Geweben aus Viskose oder Baumwolle.

Mit Rücksicht auf die Anforderungen, die an die Verfahren zur Herstellung von ölabweisenden zellulosischen Textilien gestellt werden — minimaler Verbrauch an fluorhaltigen Substanzen, Möglichkeit, die Behandlung auf Anlagen vorzunehmen, die in Chemiefaser- bzw. Textilveredlungsbetrieben vorhanden sind, Verwendung von wäßrigen Lösungen oder Emulsionen der fluorhaltigen Substanzen, hoher und dauerhafter oleophober Effekt —, stellen die Synthese von Pfropfcopolymeren aus Zellulose und geringen Mengen polymere Fluoracrylate sowie die *O*-Alkylierung aussichtsreiche Möglichkeiten dar.

5. Zellulose mit Ionenaustauscher-Eigenschaften

Chemisch modifizierte Zellulose mit Ionenaustauscher-Eigenschaften ist erstmals für die Herstellung von Chromatographiepapieren verwendet worden. Der Verbrauch an solchen Substanzen, die eine Sulfo- oder eine aliphatische Amino-Gruppe enthalten, ist relativ gering.

In den letzten Jahren wurden — hauptsächlich im Moskauer Textilinstitut — Verfahren zur Herstellung verschiedener zellulosischer Ionenaustauscher ausgearbeitet. Sie werden inzwischen in halbtechnischem Maßstab angewendet. Der Bedarf an solchen Produkten nimmt rasch zu. Das realste und wirtschaftlichste Verfahren ist die radikalische Pfropfcopolymerisation.

Im Verlaufe einiger Jahre durchgeführte systematische Untersuchungen haben gezeigt, daß die in verschiedener physikalischer Form verwendeten zellulosischen Ionenaustauscher (Fasern, Gespinste, Gewebe, Vliesstoffe, Pulver) einige Vorteile gegenüber den synthetischen Ionenaustauschern (Austauscherharzen), die überwiegend in Granulatform eingesetzt werden, aufweisen. Diese Vorteile sind im Falle gleicher funktioneller Gruppen und gleicher Kapazität folgende[300]:

1. Die zellulosischen Ionenaustauscher besitzen eine wesentlich größere Oberfläche, die eine höhere Austauschgeschwindigkeit (sowohl beim Beladen als auch beim Regenerieren) gewährleistet und eine erhebliche Intensivierung des Ionenaustauschprozesses ermöglicht. Abb. 4.1 zeigt die Sorptionsgeschwindigkeit von Calcium(II)-Ionen bei der Entmineralisierung von Wasser mit Regenerat-Zellulose-Kationenaustauscherfasern und dem Austauscherharz KU-2[301]. Bei Verwendung von porösen Harzen ist der Unter-

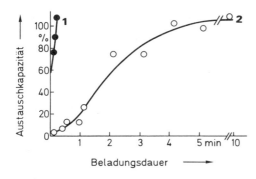

Abb. 4.1 Vergleich der Sorptionsgeschwindigkeit von Calcium-Ionen durch Regenerat-Zellulose-Ionenaustauscherfasern **1** und Harz KU-2 **2**

schied zwischen den Sorptionsgeschwindigkeiten der Ionenaustauscherfasern und der Ionenaustauscherharze allerdings wesentlich kleiner. Aus Abb. 4.1 ist aber ersichtlich, daß unter gleichen Versuchsbedingungen zum Erreichen der Vollkapazität bei Fasern 10 bis 15 Sekunden und beim synthetischen Kationenaustauscher 150 bis 300 Sekunden benötigt wurden.

2. Die zellulosischen Fasern sind hydrophiler als die synthetischen Ionenaustauscher-Polymere, wodurch höhere Diffusionsgeschwindigkeiten beim Ionenaustausch und dementsprechend höhere Sorptions- und Desorptionsgeschwindigkeiten gewährleistet werden.

3. Die zellulosischen Substanzen können in verschiedener physikalischer Form (Gewebe, Vliese, Kurzschnitt u.a.) eingesetzt werden. Dadurch lassen sich Ionenaustauschprozesse (Sorption und Desorption) leichter kontinuierlich gestalten, was bei Verwendung von granulierten Austauscherharzen schwieriger ist.

4. Die Desorption (Regenerierung) kann bei höheren Temperaturen (100 bis 140 °C) erfolgen, wodurch sich die Auswahlmöglichkeit für Regenerierungsverfahren vergrößert.

5. Die größere mechanische Festigkeit der zellulosischen Austauscher kann für ihren Einsatz von Bedeutung sein.

Die Ionenaustauscherfasern lassen sich in zwei Gruppen unterteilen:

— Fasern für einmaligen und
— für mehrmaligen Einsatz.

Zellulosische Ionenaustauscher werden meistens nur einmal verwendet, da die zwischen den Elementargliedern vorhandenen Acetal-Bindungen eine wiederholte Behandlung mit Säurelösungen nicht unbeschadet überstehen.

Fasern werden meist einmalig verwendet, wenn die Regenerierung schwierig und/oder das aufgefangene Metall vielfach teurer ist als die Ionenaustauscherfaser. Die beladenen Fasern werden dann nach dem Sorptionsprozeß getrocknet und mit dem sorbierten Metall verbrannt. Dabei wird das Metall entweder in reiner Form abgeschieden (Gold, Platin) oder durch Sublimation und Kondensation der Dämpfe (Quecksilber) zurückgewonnen. Ein solches Verfahren ist bei Verwendung von Ionenaustauscherfasern wirtschaftlicher als bei Einsatz von Austauscherharzen, weil weniger Reinigungsprozesse benötigt werden und die Verluste geringer sind.

Inzwischen wurden schon die verschiedensten Arten chemisch modifizierter zellulosischer Ionenaustauscher synthetisiert; es sind[302]:

— Kationenaustauscher, schwach saure mit Carboxy-Gruppen sowie stark saure mit Sulfo-Gruppen oder mit Resten phosphorhaltiger Säuren;

— Anionenaustauscher, schwach basische mit Vinyl-/Pyridin-Gruppen und stark basische mit quaternären Pyridin-/Pyridinium-Gruppen;
— „Komplexite" mit Resten der Hydroxam- oder Antanylsäure bzw. anderer Komplexbildner.

Da die Bedingungen der Herstellung und die Eigenschaften der skizzierten Austauscher hier nicht ausführlich beschrieben dargelegt werden können, sollen nur einige von ihnen kurz behandelt werden.

1. Carboxy-Gruppen enthaltende zellulosische Substanzen mit Eigenschaften schwacher Kationenaustauscher

Diese Fasern werden auf zwei Wegen hergestellt:

a) Durch Aufpfropfen von Acryl- bzw. Methacrylsäure auf Zellulose. Dazu werden das Redoxsystem Fe^{2+}/H_2O_2 und Calcium-Salze der genannten Säuren verwendet. — Solche Kationenaustauscherfasern, zu deren Vorzügen hohe Kapazität und ein beträchtlicher Carboxy-Gruppengehalt (15 bis 20% der Zellulose-Masse) zählen, quellen in Wasser stark, was bei der Anwendung angemessen zu berücksichtigen ist (Faservolumen und -festigkeit).

b) Die Carboxy-Gruppen lassen sich auch nach einer anderen Methode einbauen. Dabei wird in zwei Stufen gearbeitet: zunächst wird ein Pfropfcopolymeres der Zellulose mit Polyacrylnitril hergestellt, das geringe Mengen an Benzol-Gliedern enthält (Stoffmengengehalt von 1 bis 4% vom PAC-Gehalt), dann wird das erhaltene Produkt in alkalischem Medium verseift, wobei eine polymeranaloge Umwandlung der Nitril- in Carboxy-Gruppen stattfindet[303].

Das Einführen von Divinylbenzol in die beim Pfropfen verwendete Reaktionsmasse sichert die Bildung von chemischen Bindungen zwischen den Makromolekülen und bietet die Möglichkeit, die Quellbarkeit des Kationenaustauscher in Wasser zu steuern.

Nach dieser Methode lassen sich Kationenaustauscherfasern mit einer relativ hohen Austauschkapazität herstellen (4 bis 4,5 mmol·l^{-1}), die sich zu Geweben und Vliesen verarbeiten lassen.

Fasern mit schwachsaurem Charakter werden heute in großem Umfang in Atemschutzgeräten zum Beseitigen toxischer basischer Gase aus der Luft eingesetzt.

2. Sulfo-Gruppen enthaltende modifizierte zellulosische Substanzen mit Eigenschaften starker Kationenaustauscher

Solche Fasern werden nach zwei Schemata hergestellt:

a) Durch Aufpfropfen von Polyvinylsulfonsäure auf Zellulose. Dabei wird als Monomeres Natriumvinylsulfonat eingesetzt. Die Polymerisation, insbesondere aber die Pfropfcopolymerisation dieses Monomeren kann nicht mit Hilfe üblicher Redox-Initiierungssysteme erfolgen. Sie ist bisher nur mit dem System Zellulosexanthogenat/H_2O_2 gelungen. So wurde das Pfropfcopolymere durch Aufpfropfen von Natriumvinylsulfonat aus dessen 5%iger wäßriger Lösung auf eine niedrigsubstituierte Xanthogenat-Faser erhalten. Viskosefasern, die auf diese Weise modifiziert wurden,

$$\text{Zellulose} - \cdots - CH_2 - \underset{\underset{SO_3H}{|}}{CH} - \cdots$$

enthielten 20 bis 25% Sulfo-Gruppen, was einer Austauschkapazität von 2,5 bis 3,0 mmol·l^{-1} entspricht. Diese Fasern sind in Wasser auch stark quellbar. Um diesen Nachteil zu beseitigen, wurden zum Pfropfen Monomergemische (Natriumvinylsulfonat/Methylolacrylamid oder Natriumvinylsulfonat/Salz des *N*-alkylierten Methylvinylpyridins) verwendet. Beim Arbeiten mit dem erstgenannten System kommt es zur Bildung von Vernetzungen und damit zu einer entsprechenden Verringerung der Quellbarkeit. Beim Einsatz des binären Gemisches Natriumvinylsulfonat/quaternäres Methylvinylpyridinium-Salz wird ein in Wasser wenig quellbares Zellulose-Pfropfcopolymeres erhalten,

$$\text{Zellulose} - \cdots - \left(\begin{array}{c}\text{CH}_2-\text{CH}- \\ | \\ \text{SO}_3\text{H}\end{array}\right)_n - (\text{CH}_2-\text{CH})_m - \cdots$$

das Eigenschaften eines Polyampholyten besitzt. Nach diesem Schema wurde ein Produkt mit 28 bis 30% Polymethylvinylpyridin und 43 bis 45% Polyvinylsulfonsäure hergestellt.

b) Durch Aufpfropfen von Polystyrol auf Zellulose und nachfolgende Sulfonierung der aufgepfropften Ketten mit Chlorsulfonsäure. Wie schon erwähnt, wird die Säurebeständigkeit der Zellulose durch Aufpfropfen von Polystyrol erheblich verbessert[304]. Deshalb kommt es bei der Behandlung des Pfropfcopolymeren aus Zellulose und Polystyrol mit der Chlorsulfonsäure zu keinem wesentlichen Abbau der Zellulose. Sulfoniert wird mit einer 5%igen Lösung der Chlorsulfonsäure in Dimethylformamid bei 20 °C. Für die Umsetzung in diesem Lösungsmittel ist kein Zusatz eines HCl-Acceptors erforderlich. Das sulfonierte Pfropfcopolymere enthält 16 bis 24% Sulfo-Gruppen (Austauschkapazität von 2,0 bis 3,0 mmol·l^{-1}/g) und hatte folgende Struktur:

$$\text{Zellulose} - \cdots - (\text{CH}_2-\text{CH})_n - (\text{CH}_2-\text{CH})_m - \cdots$$

3. Modifizierte zellulosische Substanzen mit Eigenschaften schwacher Anionenaustauscher

Zur Herstellung dieser Ionenaustauscherfasern und -harze wird in der Sowjetunion meistens 2-Methyl-5-vinylpyridin eingesetzt. Dieses Monomere wird industriell gewonnen und hauptsächlich bei der Herstellung von synthetischem Kautschuk verwendet. Gepfropft wird aus 7- bis 10%igen wäßrigen Monomeremulsionen unter Verwendung verschiedener Redoxsysteme. Das Pfropfcopolymere der Zellulose mit den Eigenschaften schwach basischer Anionenaustauscher hat folgende Struktur:

$$\text{Zellulose} - \cdots - \text{CH}_2-\text{CH} - \cdots$$

Das Produkt enthält 40 bis 45% aufgepfropftes Polymethylvinylpyridin und hat eine Austauschkapazität von 3 bis 3,5 mmol·l^{-1}/g. Sein Einsatz blieb bis heute hinter dem der modifizierten zellulosischen Fasern mit starken Anionenaustauschereigenschaften zurück.

4. Modifizierte zellulosische Substanzen mit Eigenschaften starker Anionenaustauscher

Solche Fasern werden durch Alkylieren des Pfropfcopolymeren der Zellulose mit Polyvinylpyridin[305] hergestellt oder dadurch, daß auf die Zellulose das Salz der starken Base, des Polymethylvinylpyridins, direkt aufgepfropft wird. Die Alkylierung des Pfropfcopolymeren findet nach folgendem Schema statt:

Zellulose—···—CH_2—CH—··· + RX ⟶ Zellulose—···—CH_2—CH—···
(Pyridinring mit CH_3, N)   (Pyridinring mit CH_3, N^+—R, X^-)

R = —CH_3, —C_2H_5, —CH_2—⟨epoxid⟩

Als Alkylierungsmittel dient meistens Epichlorhydrin.
Modifizierte zellulosische Fasern mit starken Anionenaustauschereigenschaften können auch durch direktes Aufpfropfen eines wasserlöslichen Methylvinylpyridinium-Salzes auf die Zellulose erhalten werden, insbesondere jenes Salzes, das beim N-Alkylieren dieses Monomeren mit Dimethylsulfat entsteht. Das monomere Salz hat folgenden Aufbau:

H_2C=CH—⟨Pyridinring mit CH_3, N^+—CH_3⟩ $(CH_3SO_4)^-$

Modifizierte Regenerat-Zellulose-Fasern mit stark basischem Charakter werden verwendet, um Edelmetallionen (Gold, Silber) aus verbrauchten Bädern, z.B. Elektrolytbädern, in denen sie in Form komplexer Anionen enthalten sind, zurückzugewinnen[306]. Der Ionenaustausch erfolgt nach folgendem Schema:

Zellulose—···—CH_2—CH—··· $\xrightarrow[-KCl]{K^+Au(CN)_2^-}$ Zellulose—···—CH_2—CH—···
(Pyridinring mit CH_3, N^+—R, Cl^-)   (Pyridinring mit CH_3, N^+—R, $Au(CN)_2^-$)

Nach Beendigung der Beladung werden die Fasern samt dem sorbierten Metall, dessen Menge 10 bis 20% vom Fasergewicht ausmacht, getrocknet und verbrannt. Der Verbrennungsrückstand wird durch Umschmelzen gereinigt.
Anionenaustauscherfasern mit quaternären Pyridin-Gruppen dienen (in Form von Vliesen) als Filtermaterial für Universalgasmasken, die zum Schutz der Atemwege vor toxischen sauren Gasen, wie Siliciumfluorid, Fluorwasserstoff, Chlorwasserstoff, Schwefeldioxid u.a., benutzt werden[307]. Solche Gasmasken bieten einen sicheren Schutz sogar noch bei Konzentrationen, die das Zehnfache der MAK-Werte ausmachen. Ihre Hygiene- und Gebrauchseigenschaften entsprechen den Anforderungen, die an Universalatemschutzgeräte gestellt werden.
Ionenaustauscherfasern hat man auch zum Entfärben von Agar-Agar-Lösungen und zum Entfernen von Eiweißstoffen aus diesen eingesetzt. Hierfür werden aber Fasern bzw. Gewebe benötigt, die nicht nur Anionenaustauscher-, sondern auch Kationenaustauscher-Eigenschaften besitzen[308].

Eine der wichtigsten Fragen, deren Lösung es für die industrielle Nutzung zellulosischer Ionenaustauschermaterialien bedarf, ist die apparative Gestaltung des Ionenaustausches. In Fällen, in denen relativ kleine Flüssigkeitsmengen, die nicht mehr als 10 000 bis 20 000 l/Tag ausmachen, bearbeitet werden müssen, kann der Ionenaustausch wie bei der Verwendung von Austauscherharzen in Kolonnen erfolgen, die mit den Fasern beschickt werden. Bei einmaligem Einsatz der Fasern sind solche Apparaturen durchaus brauchbar.

5. Modifizierte Viskosefasern mit „Komplexit"-Eigenschaften

Von dieser für die Praxis interessanten Faserart sind die Pfropfcopolymer-Fasern mit Thioamid-Gruppen, die sog. Mtilon-T-Fasern, am stärksten verbreitet[309]. Sie werden hergestellt, indem das Pfropfcopolymere aus Zellulose und Polyacrylnitril, das 40 bis 60% an aufgepfropfter Komponente enthält, mit wäßriger Schwefelwasserstoff- oder Ammoniumsulfid-Lösungen behandelt wird:

$$\text{Zellulose}-\cdots-CH_2-CH-\cdots + H_2S \longrightarrow \text{Zellulose}-\cdots-CH_2-CH-\cdots$$
$$\quad\quad\quad\quad\quad\quad\quad | \quad\quad\quad\quad\quad\quad\quad\quad\quad\quad\quad\quad\quad\quad\quad\quad\quad | $$
$$\quad\quad\quad\quad\quad\quad\quad CN \quad\quad\quad\quad\quad\quad\quad\quad\quad\quad\quad\quad\quad\quad\quad\quad\quad C-NH_2$$
$$\quad\quad\quad\quad\quad\quad\quad\quad\quad\quad\quad\quad\quad\quad\quad\quad\quad\quad\quad\quad\quad\quad\quad\quad\quad\quad\quad\quad\quad\quad\quad\quad\quad \parallel $$
$$\quad\quad\quad\quad\quad\quad\quad\quad\quad\quad\quad\quad\quad\quad\quad\quad\quad\quad\quad\quad\quad\quad\quad\quad\quad\quad\quad\quad\quad\quad\quad\quad\quad S$$

Die Kapazität eines solchen Komplexits beträgt 5 bis 7 mmol·l^{-1}.
Sowohl nieder- als auch hochmolekulare Substanzen mit Thioamid-Gruppen können mit einigen Metallionen unter Komplexbildung[310] reagieren:

$$RC\!\!\begin{array}{c}{\nearrow S}\\{\searrow NH_2}\end{array} + M^{n+} \rightleftharpoons RC\!\!\begin{array}{c}{\nearrow S\searrow}\\{\searrow N\nearrow}\end{array}\!M^{n+}$$
$$\quad\quad\quad\quad\quad\quad\quad\quad\quad\quad\quad\quad\quad\quad\quad\quad\quad\quad H_2$$

In manchen Fällen erfolgt die Umsetzung auch nach dem Ionenaustauschmechanismus:

$$nRC\!\!\begin{array}{c}{\nearrow SH}\\{\searrow NH}\end{array} + M^{n+} \rightleftharpoons \left[RC\!\!\begin{array}{c}{\nearrow S^-\searrow}\\{\searrow NH\nearrow}\end{array}\right]_n M^{n+} + nH^+$$

Die Mtilon-T-Fasern, mit denen sich Edelmetall- und Quecksilber-Ionen aus sauren Lösungen selektiv gewinnen lassen, werden für den genannten Zweck als Einwegfasern eingesetzt[311].

„Komplexit"-Fasern haben die größte Bedeutung für die Entfernung von Quecksilber-Ionen aus Abwässern, insbesondere den Abwässern der Natriumhydroxid-Produktion nach dem Quecksilber-Verfahren.

Versuche[312] haben gezeigt, daß mit Mtilon-T-Fasern quantitative Abtrennung der Quecksilber-Ionen aus Wasch- und Abwässern gewährleistet wird. Das Quecksilber wird durch Verbrennen der beladenen Fasern, die, bezogen auf ihre Masse, 40% Quecksilber enthalten, und anschließende Kondensation der Quecksilber-Dämpfe zurückgewonnen. Die Austauschkapazität der Fasern erreicht unter technischen Bedingungen 2,5 bis 4,0 mmol·l^{-1}. Abwässer, die der Rückgewinnung zugeführt werden, enthalten 10 bis 40 mg Quecksilber·l^{-1} [313]. Im Abwasser vorhandene Kationen anderer Metalle (Na, Ca, Mg, Fe) haben keinen Einfluß auf die Quecksilber-Austauschkapazität der Fasern[314].

Diese Angaben machen deutlich, daß die Verwendung von Mtilon-T-Fasern zur Entfernung von Quecksilber-Ionen aus Abwässern zweckmäßig, in einigen Fällen sogar unumgänglich ist. Ihre industrielle Anwendung ist jedoch problematisch, weil es bis heute noch keine Apparaturen gibt, in denen große Flüssigkeitsmengen (hunderttausende l/Tag) bearbeitet werden können, wie sie z.b. bei der Natriumhydroxid- und Chlor-Gewinnung nach dem Chloralkali-Elektrolyseverfahren anfallen. Wie Versuche gezeigt haben, können für derart große Flüssigkeitsmengen die einfachen Austauscherkolonnen nicht verwendet werden, weil die Fasern sich in ihnen allmählich verdichten, wodurch der Flüssigkeitsdurchsatz ständig abnimmt. Wahrscheinlich ist der Einsatz von gehalterten Faservliesen erfolgreich.

Die Mtilon-T-Fasern lassen sich auch bei der selektiven Abtrennung von Ionen des Platins und der Metalle der Platin-Gruppe einsetzen[315]. Anwesende Buntmetall- und Eisen-Ionen stören die Sorption von Platin nicht[316]. Die Fasern werden samt dem sorbierten Platin verbrannt. Dadurch wird ein Konzentrat erhalten, das 95 bis 98% Platin bzw. Platinmetalle enthält. Diese Methode kann auch in der analytischen Chemie zur Bestimmung kleiner Mengen gelösten Platins angewendet werden.

Darüber hinaus sind neue Zellulose-Derivate mit Komplexit-Eigenschaften synthetisiert worden. Mit ihrer Hilfe ist es grundsätzlich möglich, Metallionen aus Gemischen verschiedener Ionen selektiv zu entfernen. Solche Zellulose-Derivate wurden auf zwei Wegen dargestellt:

a) Durch Umsetzen der Zellulose mit einem Chlor-Derivat des 8-Oxychinolins in Gegenwart von Alkali[194]:

Zellulose—OH + [8-(chloromethyl)quinolin-8-ol] ⟶ Zellulose—O—CH$_2$—[quinolin-8-ol] + NaCl

Die entstehenden Zellulose-Derivate binden Cobalt(II)-Ionen selektiv. Ihre Austauschkapazität beträgt 1,75 mmol/l.

b) Durch Wechselwirkung (Polykondensation) der Hydroxy-Gruppen des sekundären Zelluloseacetats mit 8-Oxychinolin und Phenolalkoholen[317]. Für die Umsetzung werden der Spinnlösung des sekundären Zelluloseacetats, bezogen auf seine Masse, 15% Oxychinolin und Phenolalkohole (2 mol Oxychinolin je mol Phenolalkohol) zugesetzt. Die erhaltenen Fasern werden einer thermischen Behandlung bei 140 °C unterworfen, wobei die Polykondensation stattfindet. Diese Fasern besitzen Komplexbildnereigenschaften und sorbieren je nach pH-Wert der zu behandelnden Lösung verschiedene Ionen.

6. Flammfeste, schwerentflammbare Fasern bzw. Erzeugnisse

Schwerentflammbare Textilien haben eine gewisse Bedeutung im Sektor Möbelbezugs- und Dekorationsstoffe. Wichtiger sind sie für die Herstellung der verschiedenen Arten von Schutzbekleidung.

Lassen sich für Möbelbezugs- und Dekorationsstoffe schwerentflammbare Synthesefasern verwenden, empfiehlt es sich für die Herstellung von Schutzbekleidung, die nicht nur vor Flammen schützen, sondern auch hohen Hygieneanforderungen gerecht werden soll, schwerentflammbare zellulosische Fasern rein bzw. in Mischung mit speziellen Synthesefasern einzusetzen.

Bei der Auswahl der Chemiefasern, aus denen schwerentflammbare Stoffe hergestellt werden, kommt es nicht nur auf ihr Entflammungsverhalten an, sondern auch auf die in der Hitze entstehenden Zersetzungsprodukte.

Für die Herstellung schwerentflammbarer zellulosischer Fasern und Gewebe werden wie für die meisten anderen Polymere überwiegend phosphor- und halogenhaltige Verbindungen, manchmal auch anorganische Salze mit Antipyren-Wirkung, verwendet. Die notwendige Konzentration dieser Verbindungen ist relativ groß. Um beispielsweise Viskosefasern durch Aufpfropfen von Polyvinylchlorid schwerentflammbar zu machen, sind 40 bis 45% erforderlich[114]. Die Menge an Phosphor, die in die Fasern eingesponnen werden muß, um die Schwerentflammbarkeit einzustellen, beläuft sich auf 2,5 bis 4%[318]. Die benötigte Phosphor-Menge ist von der Art der Phosphor-Verbindung abhängig. Bei einer C–P-Bindung kann sie 1,5- bis 2mal kleiner sein als bei Verbindungen mit einer C–O–P-Bindung[319].

Die Gesamtmenge Antipyren läßt sich noch herabsetzen, wenn Flammschutzmittel verwendet werden, deren Moleküle Phosphor, Stickstoff und Halogene enthalten. Großes Interesse unter solchen Verbindungen verdienen das Phosphornitrilchlorid und seine Derivate[320] (s. S. 105). Sehr aussichtsreich ist auch der Einsatz von Gemischen aus zwei oder mehreren Flammschutzmitteln mit synergetischer Wirkung, z.B. von Gemischen phosphor- und stickstoffhaltiger Verbindungen[318].

Die Herstellung schwerentflammbarer zellulosischer Fasern erfolgt nach drei Methoden[321]:
– Textile Flächengebilde werden mit Lösungen von Flammschutzmitteln ausgerüstet,
– bei der Faserherstellung werden entsprechende Mittel eingesponnen,
– Flammschutzmittel werden an die Zellulose durch Verestern, Alkylieren oder auf dem Wege der Pfropfcopolymerisation angelagert.

Die Ausrüstung zellulosischer Textilien, insbesondere aus Baumwolle und Leinen, wird in relativ großem Umfang in den USA und in Westeuropa angewendet. Als Flammschutzmittel werden dabei verschiedene phosphor- und halogenhaltige organische Verbindungen verwendet, z.B. das Tris-dibrompropylphosphat, das 68,7% Brom und 4,4% Phosphor enthält[322]:

$$\begin{array}{l} O-CH_2-CH-Br-CH_2Br \\ | \\ O=P-O-CH_2-CH-Br-CH_2Br \\ | \\ O-CH_2-CH-Br-CH_2Br \end{array}$$

Es wird auch empfohlen, diese Verbindung der Viskose in Mengen von 20 bis 25%, bezogen auf Alphazellulose, zuzusetzen. Solche Flammschutzmittel werden dann aber bei der Pflege der Textilien allmählich aus den Fasern herausgewaschen. Auf diesem Prinzip, nämlich der Einspinnung des Flammschutzmittels in die Fasern, beruht auch die Herstellung von Avisco FR, deren Produktion in den USA 1971 aufgenommen wurde[323]. Für die Schwerentflammbarkeit der Fasern werden ca. 2,5% Phosphor, bezogen auf ihre Masse, eingesetzt.

Sehr interessant ist auch der Zusatz von Phosphornitrilchlorid-Derivaten zu Spinnlösungen[324]:

$$\begin{array}{ll} X-R^1 & X = O, S \\ | \\ -P=N- & R^1, R^2 = \text{halogenierte Alkyl-} \\ | & \text{oder Aryl-Gruppen} \\ X-R^2 \end{array}$$

Von den Verbindungen dieser Klasse sind die wasserunlöslichen Butoxy-Derivate des Phosphornitrilchlorids am aussichtsreichsten, z.B. das Hexabutoxyphosphornitrilchlorid:

$$\begin{array}{c} C_4H_9O \diagdown \diagup OC_4H_9 \\ P \\ N \diagup \diagdown N \\ (C_4H_9O)_2P \diagdown \quad \diagup P(OC_4H_9)_2 \\ N \end{array}$$

Alle Flammschutzmittel, die den Spinnlösungen zugesetzt werden, müssen wasserunlöslich, in ausreichendem Maße säure- und alkalibeständig und zur Bildung feiner Dispersionen befähigt sein[325]. Die Waschbeständigkeit des Effektes ist bei Verwendung fester Flammschutzmittel größer als bei flüssigen, die der Viskose in Form wäßriger Dispersionen zugesetzt werden.

Der Zusatz von Flammschutzmitteln zu Spinnlösungen ist jedoch mit einer Reihe von Nachteilen verbunden. Die wichtigsten sind:
— Schwierigkeiten beim Feindispergieren der Flammschutzmittel,
— Herabsetzung der Stabilität des Spinnprozesses und
— Flammschutzmittelteilchen im Spinnbad, die ihre Regenerierung erschweren.

Diese Nachteile werden vermieden, wenn die Fasern bei der Herstellung chemisch modifiziert werden. Durch Verestern der Zellulose mit Chloranhydriden phosphorhaltiger Säuren lassen sich[234,235,239] die jeweiligen Zelluloseester erhalten, Methylphosphon-, Methylphosphin-, Phenylphospinsäure u.a.:

$$2\ \text{Zellulose-OH} + \underset{\underset{O}{\parallel}}{\overset{R}{\underset{}{P}}}\!\!\diagup^{Cl}_{Cl} \longrightarrow \text{Zellulose-O}-\underset{\underset{O}{\parallel}}{\overset{R}{\underset{}{P}}}-\text{O-Zellulose} + 2\ \text{HCl}$$

Völlig unbrennbar ist dieser Zelluloseester, wenn er 2% Phosphor enthält. Das Verfahren hierfür ist jedoch wenig geeignet, weil die Umsetzung in einem organischen Lösungsmittel und in Gegenwart einer der Chlorwasserstoff bindenden Substanz vorgenommen werden muß.

In der Arbeit[326] wurde die Möglichkeit untersucht, schwerentflammbare zellulosische Fasern durch Einsatz von N,N'-substituierten Derivaten der Ethylphosphonsäure herzustellen. Diese Verbindung setzt sich mit der Zellulose bei erhöhten Temperaturen zu einem Phosphor und Stickstoff enthaltenden Zelluloseester um. Die modifizierte Zellulose ist bei einem Phosphor-Gehalt von 1,7 bis 2,0% schwer entflammbar. Diese Eigenschaft besitzt sie noch nach 7 bis 10 Waschbehandlungen und auch noch nach mehrmaliger (20maliger) Chemischreinigung[327].

Die verwendeten phosphorhaltigen Verbindungen bilden bezüglich ihrer Wirksamkeit folgende Reihe[328]:

$$H_2N-\underset{\underset{O}{\parallel}}{P}\!\diagup^{NH_2}_{NH_2} \ > \ C_2H_5-\underset{\underset{O}{\parallel}}{P}\!\diagup^{NH_2}_{NH_2} \ > \ H_3C-\underset{\underset{O}{\parallel}}{P}\!\diagup^{Cl}_{Cl} \ > \ C_2H_5-\underset{\underset{O}{\parallel}}{P}\!\diagup^{Cl}_{Cl} \ > \ (C_6H_5)_3P$$

Die insbesondere durch den Sauerstoffindex (LOI-Wert) charakterisierte Schwerentflammbarkeit solcher Zellulose-Derivate nimmt danach mit steigender Anzahl der Kohlenstoff-Atome im Alkyl- bzw. Aryl-Rest des phosphorhaltigen Zelluloseesters ab.

Einen bedeutenden Einfluß auf den Flammschutzeffekt haben Stickstoff-Atome in der phosphorhaltigen Estergruppierung. Ihre synergetische Wirkung ist deutlich erkennbar. Je höher der Stickstoff-Gehalt der phosphorhaltigen Estergruppierung ist, desto niedriger kann der zum Erreichen des gewünschten Flammschutzeffektes erforderliche Veresterungsgrad (Phosphor-Gehalt) der Zellulose sein.

Phosphorhaltige Zelluloseester lassen sich auch durch Ammonolyse von Zellulosephosphoramiden darstellen. Diese Reaktion läuft nach dem am Beispiel der Umsetzung der Zellulose mit Ethylphosphonsäurediamid erläuterten Schema ab:

$$\text{Zellulose-OH} + \underset{H_2N}{\overset{H_2N}{>}}\underset{\underset{O}{\|}}{P}-C_2H_5 \longrightarrow \text{Zellulose-O}-\underset{\underset{O}{\|}}{P}\underset{NH_2}{\overset{C_2H_5}{<}} + NH_3\uparrow$$

Um den gewünschten Zelluloseester zu erhalten, wird das zellulosische Flächengebilde mit einer Lösung des Amids der phosphorhaltigen Säure behandelt, getrocknet und 5 bis 7 Minuten auf 140 bis 160 °C erhitzt[323].

Für die breite Anwendung in der Praxis ist die Verwendung von Diamiden der Alkylphosphonsäuren am zweckmäßigsten.

Wesentlich aussichtsreicher ist das Einführen von Phosphor durch Alkylieren der Zellulose. Hierzu werden verschiedene Alkylierungsmittel verwendet. Verhältnismäßig stark verbreitet ist das Alkylieren (genauer das Acetalisieren) der Zellulose mit Tetramethylolphosphoniumchlorid. Diese Verbindung, das sog. Proban, setzt sich mit der Zellulose nach folgendem Schema um:

$$\text{Zellulose-OH} + \underset{HOH_2C}{\overset{HOH_2C}{>}}\overset{Cl^-}{\underset{+}{P}}\underset{CH_2OH}{\overset{CH_2OH}{<}} \xrightarrow[130-140\ °C]{\text{Dicyandiamid}} \text{Zellulose-O}-CH_2-\underset{\underset{CH_2OH}{|}}{P}\underset{CH_2OH}{\overset{Cl^-\ CH_2OH}{<}} + H_2O$$

Sie kann mit der Zellulose monofunktionell, es reagiert nur eine Methylol-Gruppe, oder polyfunktionell reagieren, wobei sich Netzstrukturen ausbilden.

Die Acetalisierungsreaktion findet bei erhöhten Temperaturen (130 bis 140 °C) in Gegenwart einer Substanz, die den Chlorwasserstoff bindet sowie eines Katalysators (NH_4Cl) statt. Gleichzeitig wird in einer Nebenreaktion das Proban homopolymerisiert, wobei Polymere entstehen, die in der Faser bzw. im Gewebe fest fixiert werden. Der erreichbare Effekt ist beständig und ist noch nach 40 bis 50 Wäschen erhalten. Der Nachteil dieses Verfahrens ist, daß unter Einwirkung von Chlorwasserstoff, der von dem zugesetzten Amin nicht vollständig gebunden wird, die Zellulose abgebaut und dadurch die Gewebefestigkeit herabgesetzt wird. Außerdem ist dieses Flammschutzmittel toxisch. Beim Gebrauch der Textilien können kleine Phosphin-Mengen frei werden.

Um Phosphor in die Zellulose einzuführen, wird sie auch mit Phosphorsäuretriethylenimid behandelt:

$$\text{Zellulose-OH} + \left(\triangleright N\right)_{\!3}\underset{\underset{O}{\|}}{P} \longrightarrow \text{Zellulose-O}-CH_2-CH_2-NH-\underset{\underset{O}{\|}}{P}(N\triangleleft)_2$$

Diese Reaktion, die unter Sprengung des spannungsreichen Dreierringes stattfindet, kann auch zur Bildung vernetzter Zellulose-Derivate führen. Die Modifizierung zellulosischer

Gewebe mit diesem Flammschutzmittel wird unter den gleichen Bedingungen wie beim Alkylieren mit Proban durchgeführt.

Zum Alkylieren der Zellulose kann auch noch ein anderes Flammschutzmittel, das sog. Pyrovatex, verwendet werden. Sein Molekül enthält Stickstoff und Phosphor:

$$\begin{array}{c} RO \\ \diagdown \\ P-CH_2-CH_2-C-NH-CH_2OH \\ RO\diagup\|\| \\ OO \end{array}$$

Gegenüber Proban hat Pyrovatex den Vorteil des Synergismus, der durch das gleichzeitige Vorhandensein von Phosphor und Stickstoff im Molekül hervorgerufen wird. Deshalb braucht die zum Erzielen einer bestimmten Flammschutzwirkung benötigte Pyrovatex-Menge nur halb so groß zu sein wie beim Einsatz von Proban. Darüber hinaus wird beim Alkylieren mit Pyrovatex kein Chlorwasserstoff abgespalten, weshalb die Gewebe bei ihrer Behandlung geringere Festigkeitsverluste erleiden. Nachteilig ist, daß die wäßrigen Lösungen dieses Präparats allmählich hydrolysieren.

Üblicherweise wird das Alkylieren der Zellulose mit Flammschutzmitteln nicht an Fasern, sondern an fertigen Textilien, insbesondere Geweben, vorgenommen.

Für die Herstellung von schwerentflammbaren zellulosischen Materialien nach dem Pfropfcopolymerisationsverfahren sind verschiedene phosphor- und halogenhaltige Monomere vorgeschlagen worden: z.B. Pfropfcopolymere der Zellulose mit Polyvinylphosphonsäure[329]. Einen stabilen Flammschutzeffekt, der auch noch nach 50 Wäschen erhalten ist, wird erzielt, wenn das Pfropfcopolymere 3,5 bis 4% Phosphor enthält, d.h. wenn auf die Zellulose-Masse 20 bis 25% Polymeres aufgepfropft werden. Die Chancen, daß dieses Monomere in größerem Umfang industriell verwendet wird, sind klein, weil es relativ schwer zu beschaffen ist. Es wurde auch vorgeschlagen, zum Pfropfen der Zellulose Umsetzungsprodukte von Vinylalkohol bzw. Acrylamid mit Phosphorsäureestern zu verwenden[330]. Solche Zellulose-Derivate haben aber auch praktische Bedeutung erlangt. In der österreichischen Firma Chemiefaser Lenzing AG wurde das Aufpfropfen verschiedener Vinylphosphorsäureester auf die Zellulose untersucht. Nach dieser Methode erhaltene Copolymere haben nachstehende chemische Struktur:

$$\text{Zellulose} -\!\cdots\!- CH_2-CH-\!\cdots\!- \\ | \\ O \\ | \\ O=P(OR)_2$$

Textilien aus diesen Fasern behielten auch nach mehrmaligem Waschen ihre gute Flammfestigkeit.

Außerdem können schwerentflammbare zellulosische Fasern nach dem im Moskauer Textilinstitut entwickelten Verfahren erhalten werden. Bei ihm wird vom Pfropfcopolymeren aus Zellulose und Polymethylvinylpyridin ausgegangen, das dann mit Metaphosphorsäure behandelt wird. Dieses Copolymere hat folgende Zusammensetzung:

$$\text{Zellulose} -\!\cdots\!- CH_2-CH-\!\cdots\!- \\ \big| \\ \bigcirc\!\!\!\!\!\!\!\diagdown \\ N \cdot HPO_3 \\ CH_3$$

Um einen guten Flammschutzeffekt zu erzielen, müssen auf die Zellulose-Masse 17 bis 20% Polymethylvinylpyridin aufgepfropft werden, was 22 bis 30% des phosphorhaltigen Salzes dieses Polymeren entspricht. Wird das Pfropfcopolymere aus Zellulose und Polymethylvinylpyridin mit einer nicht nur Phosphor, sondern auch Brom enthaltenden Säurelösung behandelt, kann die Menge des aufzupfropfenden Polymeren aufgrund des synergetischen Effekts auf 7 bis 10% der Zellulose-Masse reduziert werden.

Die Metaphosphorsäure ist im Pfropfcopolymeren nicht chemisch, sondern durch Salzbildung gebunden. Deshalb geht der erzielte Flammschutzeffekt bei wiederholten Naßbehandlungen (Wäschen) wieder verloren. Er stellt sich aber wieder ein, wenn das Pfropfcopolymere mit einer verdünnten Phosphorsäure-Lösung (Ortho- oder Metaphosphorsäure) behandelt wird.

Es wurden auch Pfropfcopolymere der Zellulose mit phosphor- und halogenhaltigen Polydienen, insbesondere mit dem Dimethylester der 1,3-Butadienphosphonsäure und des Bis-(2,4,6-Tribrom)-2-methyl-1,3-butadienphosphonats, hergestellt. Solche Zellulose-Derivate sind schwerentflammbar. Mit ihrem praktischen Einsatz ist jedoch angesichts der komplizierten Synthese und der schwierigen Beschaffung der Ausgangsmonomeren kaum zu rechnen.

Die Einführung von nicht an den Benzol-Ring gebundenem Brom in das Elementarglied des Makromoleküls der aufgepfropften Kette steigert den Flammschutzeffekt des Zellulose-Materials und bietet die Möglichkeit, die zur Einstellung eines bestimmten Flammschutzeffekts benötigte Menge an aufzupfropfendem Polymeren zu reduzieren[331].

Bei der Herstellung von schwerentflammbaren zellulosischen Textilien nach dem Pfropfcopolymerisationsverfahren ist es zweckmäßig, die Behandlung nicht an textilen Flächengebilden, sondern an den Ausgangsfasern vorzunehmen, weil zur Einstellung des gewünschten Effekts 20 bis 30% flammhemmendes Polymer aufgepfropft werden müssen.

Die meisten der besprochenen Flammschutzmittel sind mindestens 5- bis 10mal teurer als die herkömmlichen Viskosefasern[332]. Allein schon dadurch wird ihre Anwendung eingeschränkt bleiben. Deshalb ist die Ausarbeitung neuer Verfahren zur Herstellung schwerentflammbarer zellulosischer Fasern unter Verwendung preiswerter Flammschutzmittel von Interesse. Dabei sollte auch versucht werden, die Menge des in die Zellulose einzuführenden Antipyrens zu reduzieren[333], um die Gebrauchseigenschaften der Textilien auf hohem Niveau zu halten.

7. Zellulose-Derivate für medizinische Zwecke

Dieses Anwendungsgebiet ist für Zellulose interessant und aussichtsreich. Dabei nimmt der Einsatz modifizierter Zellulose-Materialien auch ständig zu. Eine große praktische Bedeutung haben verschiedene antimikrobielle Zellulose-Materialien wie Fasern, Gewebe, Gewirke und blutstillender Mull erlangt.

7.1 Antimikrobielle, bakterizide Zellulose-Derivate

Die Herstellung von bakteriziden (antimikrobiellen) chemisch modifizierten Zellulose-Fasern und -Geweben ist ein anschauliches Beispiel dafür, wie effektiv die chemische Modifizierung sein kann. Mit ihrer Hilfe ist es möglich, der Zellulose neuartige Eigenschaften zu verleihen.

Zellulose ist bekanntlich gegenüber Mikroorganismen, die ihren chemischen Abbau und die Fäulnis hervorrufen, nicht beständig. Synthetische Fasern dagegen befinden sich mit den Mikroorganismen quasi im Zustand der *friedlichen Koexistenz*. Sie werden von den Mikroorganismen nicht zerstört und die Mikroorganismen werden wiederum beim Kontakt mit ihnen weder vernichtet noch in ihrem Wachstum behindert.

Durch gezielte chemische Modifizierung der zellulosischen und der synthetischen Fasern sowie durch Zusatz geringer Mengen bakterizid wirkender Substanzen zu den Spinnlösungen bzw. -schmelzen, gelingt es, Fasern herzustellen, die nicht nur bakteriostatisch (das Wachstum der Mikroorganismen vorübergehend hemmend), sondern auch bakterizid (bakterientötend) wirken.

Bisher herrscht noch keine volle Klarheit über den Wirkungsmechanismus bakterizider Fasern. Es kann wohl davon ausgegangen werden, daß die bakterizid wirkenden Substanzen bzw. chemischen Gruppen mit Wasser — dazu reicht bereits die geringe Faserfeuchtigkeit aus — zu dem angegebenen Effekt führen. Das Leben der Mikroorganismen wird, wenn sie mit dem abgespaltenen Agens in Kontakt kommen, gehemmt. Diese Vorstellung von der Wirkungsweise bakterizider Fasern wird durch Versuche bestätigt. Virnik u.a.[334] haben gezeigt, daß mit zunehmender Bindungsfestigkeit von Silber an die funktionellen Gruppen im Makromolekül der modifizierten Zellulose ihre antimikrobielle Wirkung schwächer wird. Mit Hilfe markierter Atome (radioaktives Silber-Isotop) ist festgestellt worden, daß die antimikrobielle Wirkung eines Gewebes mit chemisch gebundenem Silber auf der Abspaltung kleinster Silber-Mengen von den funktionellen Gruppen der modifizierten Zellulose beruht[335]. Ähnliche Ergebnisse konnten auch ermittelt werden, als der Einfluß der Art der Bindung antimikrobieller organischer Substanzen (Rivanol®, Tripaflavin) an die funktionellen Gruppen des Zellulosemakromoleküls untersucht wurde. Diese Bindungen können ionogen (Ia und Ib) oder kovalent (IIa und IIb) sein.

Ionogene Bindung:

$$\text{Zellulose}-SO_3H + RNH_2 \longrightarrow \text{Zellulose}-SO_3^- \overset{+}{R}NH_3$$
$$\mathbf{Ia}$$

worin R das Molekül der antimikrobiellen Substanz bedeutet:

Ethacridin, Rivanol®

$$\text{Zellulose}-\underset{\underset{O}{\|}}{C}ONa + \overset{+}{R}NH_3 A \longrightarrow \text{Zellulose}-\underset{\underset{O}{\|}}{C}O^- \overset{+}{R}NH_3 + Na^+ A^-$$
$$\mathbf{Ib}$$

Kovalente Bindung, leicht hydrolysierbar:

$$\text{Zellulose}-CHO + RNH_2 \longrightarrow \text{Zellulose}-CH=NR + H_2O$$
$$\mathbf{IIa}$$

Kovalente Bindung, nicht hydrolysierbar:

Neue zellulosische Substanzen

$$\text{Zellulose}-O-CH_2-CH_2-\overset{O}{\underset{O}{S}}-\underset{N_2Cl}{\overset{}{\bigcirc}}-OCH_3 \; + \; \text{[Acridin: } H_2N-\bigcirc-NH_2, OC_2H_5\text{]}$$

$$\longrightarrow \text{Zellulose}-O-CH_2-CH_2-\overset{O}{\underset{O}{S}}-\bigcirc-OCH_3, N=N-\text{[Acridin-NH}_2\text{, }H_2N\text{, }OC_2H_5\text{]} \; + \; HCl$$

II b

Von den angeführten Präparaten war nur IIb inaktiv. In ihm ist die funktionelle Gruppe im Makromolekül der modifizierten Zellulose über eine feste, nicht hydrolysierbare chemische Bindung gebunden. — Keine antimikrobielle Aktivität besaß auch das Umsetzungsprodukt der modifizierten, in ihrem Makromolekül Cyanurchlorid-Reste enthaltenden Zellulose mit dem Rivanol® [336]:

$$\text{Zellulose}-O-\underset{O-\text{Zellulose}}{\overset{NHR}{\text{Triazin}}}$$

R = Rivanol® -Molekülrest

Die Bindung zwischen dem Rivanol und dem Cyanurchlorid-Rest ist auch ziemlich fest und durchaus hydrolysebeständig.

Ähnliche Ergebnisse lieferten Untersuchungen mit antimikrobiellen zellulosischen Materialien, in denen die antimikrobiell wirksame Substanz an die funktionellen Gruppen im Makromolekül der modifizierten Zellulose über verschiedene Bindungsarten gebunden ist[337]. Bei einer festen chemischen Bindung (C-Halogen) sind die Materialien, selbst wenn in ihnen große Halogen-Mengen gebunden sind, antimikrobiell inaktiv. Zellulose-Derivate, in denen die bakteriziden Reagenzien jedoch durch eine leicht hydrolysierbare Bindung (N-Halogen) angelagert sind, wirken antimikrobiell[338]. Folglich müssen zur Herstellung zellulosischer antimikrobiell wirksamer Materialien, die ihre Aktivität auch noch nach mehrmaligen Wäschen behalten, solche bakteriziden Verbindungen gewählt werden, deren funktionelle Gruppen im Makromolekül der modifizierten Zellulose gerade so fest gebunden sind, daß die antimikrobiellen Eigenschaften und eine angemessene Waschbeständigkeit gewährleistet werden. Deshalb soll ihre Bindungsfestigkeit optimal und nicht maximal sein.

Zur Herstellung von bakteriziden Fasern und textilen Flächengebilden kann von verschiedenen natürlichen, künstlichen oder synthetischen Produkten ausgegangen werden. Die ersten systematischen Untersuchungen zur Herstellung von bakteriziden Fasern durch chemische Umsetzung bakterizider Substanzen mit den funktionellen Gruppen von Polymeren haben Meos und Wolf am Leningrader Institut der Textil- und Leichtindustrie durchgeführt. Durch Anlagern verschiedener bakterizider Präparate an modifizierte Polyvinylalkohol-Fasern ist es ihnen gelungen, antimikrobielle Polyvinylalkohol-Fasern herzustellen. Später haben verschiedene Forscher bakterizide synthetische Fasern dadurch erhalten, daß sie wasserunlösliche bakterizide Substanzen den Spinnlösungen bzw. Polymerschmelzen zusetzten. In den Anwendungsfällen, in denen die Fasern bzw. Gewebe nach den chirurgischen Eingriffen im Körper der Patienten verbleiben, werden wie bisher erfolgreich Polyethylenterephthalat- und Ftorlon-Fasern eingesetzt. Für andere Zwecke, für die Fasern in großen Mengen verbraucht werden, ist es angebracht, bei der Erzeugung von bakteriziden Fasern von Regenerat-Zellulose-Fasern auszugehen.

Zur Herstellung antimikrobieller zellulosischer Fasern können die bakteriziden Substanzen den Spinnlösungen, aus denen die Regenerat-Zellulose-Fasern gewonnen werden, insbesondere der Viskose, zugesetzt werden. Nach diesem Prinzip werden aber nicht nur antimikrobielle Viskosefasern, sondern auch Acetat-[339] und synthetische Fasern (Ftorlon) produziert.

Der zweite Weg, der beschritten werden kann, ist die chemische Bindung von bakteriziden Mitteln an funktionelle Gruppen des Makromoleküls der modifizierten Zellulose.

Die erste Variante ist einfach zu realisieren und auf den in der Chemiefaserindustrie vorhandenen Anlagen durchführbar. Die eingeführten Substanzen sind über die gesamte Fasermasse gleichmäßig verteilt. Solche Fasern haben aber auch für verschiedene Einsatzzwecke erhebliche Nachteile. Der eingestellte Effekt geht bei in Wasser quellbaren hydrophilen Regenerat-Zellulose-Fasern schnell wieder zurück. Deshalb können diese Fasern nur zu Erzeugnissen verarbeitet werden, die wenig (ca. 3- bis 4mal) bzw. gar nicht gewaschen werden, wie z.B. bakterizide Filter zum Sterilisieren der Luft. Aus hydrophoben antimikrobiellen Fasern lassen sich Textilien herstellen, die auch noch nach mehrmaligem Waschen wirksam bleiben. Wenn beispielsweise Zelluloseacetat-Spinnlösungen das in Aceton gut lösliche Hexachlorophen zugesetzt wird, behalten die Fasern ihre antimikrobiellen Eigenschaften über mehr als 20 Waschbehandlungen bei[339].

Die bakteriziden Substanzen, die den Spinnlösungen zugesetzt werden, müssen folgende Anforderungen erfüllen:

1. Sie sollen wenig toxisch und in ihrer Wirkung bekannt sein.

2. Sie sollen beständig gegen die in der Spinnlösung bzw. dem Spinnbad verwendeten Chemikalien sein, bei Verwendung in Viskose müssen sie gegenüber Natriumhydroxid, den verschiedenen schwefelhaltigen Verbindungen und Schwefelsäure beständig sein[340].

3. Sie sollen ein breites Wirksamkeitsspektrum aufweisen, d.h. die Entwicklung verschiedener Mikroorganismen hemmen. Diese Forderung ist besonders wichtig, wenn antimikrobielle Gewebe für die Herstellung von Leib- und Bettwäsche für Personen verwendet werden sollen, die schweren chirurgischen Eingriffen unterworfen werden mußten. Dies gilt aber auch für Bekleidungsstücke (Kittel, Socken, Überschuhe, Überhosen) für das Personal in der Chirurgie, d.h. immer dann, wenn eine mögliche postoperative Infektion vermieden werden soll.

4. Sie sollen in den Lösungsmitteln löslich sein (wenn die Fasern nach dem Lösungsspinnverfahren hergestellt werden), die für die Spinnlösungen eingesetzt werden. Eine der als Zusatz zur Viskose am besten geeigneten Substanzen ist das Hexachlorophen (2,2'-Dioxy-3,3',5,5',6,6'-hexachlordiphenylmethan):

Dieses Produkt ist nicht besonders toxisch. Es ist bekannt, weil es vielen Hygieneerzeugnissen, insbesondere Seifen, zugesetzt wird, um sie bakterizid zu machen. Sein Spektrum an bakterizider Wirksamkeit ist ziemlich breit.

Zur Herstellung antimikrobieller Viskosefasern wird das Hexachlorophen in 6,5%igem Natriumhydroxid gelöst und der Viskose in einer Menge von 3 bis 4% der Alphazellulose-Masse im Mischer vor dem Entlüften zugesetzt. Fasern aus solchen Lösungen zeigen hohe bakterizide Aktivität[341]. Das Hexachlorophen ist in Wasser nicht löslich, wird jedoch den frisch ersponnenen, noch gequollenen Fasern während der Herstellung in beträchtlichen Mengen entzogen. Um diesen bedeutenden Nachteil zu mindern, empfiehlt es sich, die Quellbarkeit der Fasern in Wasser herabzusetzen und die Waschoperationen unter besonderen Bedingungen durchzuführen.

Noch größere Verbreitung haben antimikrobielle Fasern gefunden, die wiederholt gewaschen werden können. Sie werden zu Leib- und Bettwäsche, Arbeitskitteln u.a. verarbeitet. Um solche Fasern herzustellen, müssen Zellulose-Derivate mit ganz bestimmten funktionellen Gruppen synthetisiert und mit den bakteriziden niedermolekularen Substanzen umgesetzt werden. Diese an sich schwierige Aufgabe kann auf verschiedenen Wegen gelöst werden.

Für Verfahren, die nicht nur im Laboratorium, sondern auch im Betrieb anwendbar sind, gilt es auf die Erfüllung folgender Bedingungen zu achten:
— Die Einführung der reaktionsfähigen Gruppe in die Zellulose muß nach ausreichend einfachen und gängigen Methoden erfolgen können,
— das Verfahren muß auf Anlagen durchführbar sein, die in der Chemiefaserindustrie verwendet werden,
— der Prozeß soll ohne nennenswerten Abbau der Zellulose und ohne merkliche Verschlechterung der mechanischen Eigenschaften der Fasern verlaufen.

Auch in diesem Falle kann die Einführung funktioneller Gruppen in das Zellulose-Makromolekül durch Alkylieren oder durch Synthese von Pfropfcopolymeren der Zellulose erfolgen. Durch O-Alkylieren läßt sich in das Zellulose-Makromolekül beispielsweise ein Reaktivfarbstoff einführen. Das Zellulose-Derivat wird mit einem Antibiotikum, dem Neomycin, behandelt. Die Umsetzung, bei der ionogene Bindungen entstehen, verläuft nach folgendem Schema:

Zellulose—O—Farbstoff—SO$_3$H + H$_2$N—Neomycin

⟶ Zellulose—O—Farbstoff—SO$_3^-$ H$_3\overset{+}{\text{N}}$—Neomycin

Dieser Produktionsweg ist einfach und leicht realisierbar.

Von den Verfahren zur Herstellung antimikrobieller Fasern durch Pfropfcopolymerisation werden die beiden im Moskauer Textilinstitut entwickelten Verfahren in der Praxis am meisten angewendet. Das erste Verfahren sieht die Synthese von Pfropfcopolymeren aus Zellulose und des in Form einer quaternären Verbindung vorliegenden 2-Methyl-5-vinylpyridins vor, an die anschließend das Hexachlorophen angelagert wird. Das zweite Verfahren besteht in der Synthese von Pfropfcopolymeren der Zellulose mit Polyacryl- bzw. Polymethacrylsäure, die anschließend mit Metallionen oder organischen, Amino-Gruppen enthaltenden bakteriziden Substanzen umgesetzt werden.

Das Umsetzungsprodukt des Zellulose-Pfropfcopolymeren mit dem Hexachlorophen hat folgende Struktur:

Die hier vorliegende Bindung ist ausreichend hydrolysebeständig. Gewebe aus solchen Fasern (sowohl Baumwolle- als auch Viskosefasern) halten bis zu 30 Waschbehandlungen aus, ohne dabei eine nennenswerte Einbuße ihrer antimikrobiellen Eigenschaft zu erleiden. Gewebe und Gewirke aus solchen Fasern werden mit gutem Erfolg für Leib- und Bettwäsche für Kranke in Kliniken nach schweren Operationen, die zu einer Herabsetzung der Widerstandsfähigkeit des Organismus gegenüber Mikroorganismen führen, eingesetzt. Solche Textilien werden in der Sowjetunion in halbtechnischem Maßstab erzeugt[343]. In größerem Umfang werden sie in Entbindungsheimen verwendet, für die daraus Leib- und Bettwäsche sowie Handtücher hergestellt werden. Die Effektivität ihres Einsatzes wurde in großangelegten Versuchen bestätigt: durch Anwendung antimikrobieller Textilien wird der Mikrobenbefall der Haut bei Wöchnerinnen stark herabgesetzt. Erkrankungen aufgrund mikrobieller Infektion (Mastitis, Furunkulose) treten praktisch nicht mehr auf. Sehr wirkungsvoll zeigen sich die antimikrobiellen Fasern auch, wenn aus ihnen Unterwäsche für Personen hergestellt wird, die bei höheren Temperaturen und höherer Luftfeuchtigkeit arbeiten müssen. Durch solche Textilien wird die häufig beobachtete Bildung von kleinen Eiterpickeln auf dem Körper vollständig vermieden.

Textilien aus solchen Fasern haben jedoch den Nachteil, daß sie eine spezifische (graubraune) Farbe besitzen, die beim wiederholten Waschen noch intensiver wird. Sie stört die Träger und Benützer von Leibwäsche, Bettlaken, Deckenbezügen u.ä. Im Moskauer Textilinstitut wurde deshalb eine andere Methode ausgearbeitet, nach der Hexachlorophen an die Zellulose chemisch gebunden und ein Textilerzeugnis erhalten werden kann, das nicht verfärbt ist und dennoch etwa die gleiche antimikrobielle Wirkung und Waschbeständigkeit hat. Dazu wird Zellulose mit Hexachlorophen und polyfunktionellen Verbindungen behandelt, insbesondere mit Methylol-Verbindungen, deren eine funktionelle Gruppe mit der Hydroxy-Gruppe der Zellulose und die andere mit der phenolischen Hydroxy-Gruppe des Hexachlorophens reagiert[344]. Das Umsetzungsprodukt hat vermutlich folgende Struktur:

Als polyfunktionelle Methylol-Derivate wurden das Karbamol, das Metazin und das Glikazin[345] verwendet*. Am wirksamsten erwies sich das Metazin. Damit behandelte Baumwollgewebe enthielten 5,0 bis 5,5% Hexachlorophen.

Diese Verfahrensvariante ist insofern vorteilhaft, als die benötigten Chemikalien wesentlich leichter zugänglich sind als das Methylvinylpyridin-Salz und weil weiße antimikrobielle Textilien hergestellt werden können.

Weiße antimikrobielle zellulosische Textilien lassen sich auch noch nach einem anderen Verfahren darstellen[346]. Als bakterizide Ausgangssubstanzen dienen hierbei Halogen-Derivate des Phenols, insbesondere das 2,4-Dichlor-6-pentachlorphenol oder das Hexachloro-

---

* Anmerkung des Übersetzers
  Karbamol ist eine Mischung von Mono- und Dimethylolharnstoff
  Metazin ist teilweise mit Methanol veräthertes Penta/Hexamethylolmelamin
  Glikazin ist Ethylenglykolether von Pentahexamethylolamin

phen. Bei Umsetzung dieser Substanzen mit Cyanurchlorid entstehen Cyanurchlorid-Derivate der allgemeinen Form

R = Phenolhalogen-Derivat

Durch Behandlung dieser Verbindung mit Sulfo-Gruppen enthaltenden Anilin-Derivaten bildet sich das wasserunlösliche Derivat des Cyanurchlorids und des Pentachlorphenols. Es hat folgende Zusammensetzung:

Durch Behandeln der Zellulose mit dieser Verbindung wird das nachstehende bakterizide Zellulose-Derivat erhalten:

Zur Herstellung antimikrobieller zellulosischer Textilien wurden auch Pfropfcopolymere der Zellulose mit Polyacryl- oder Polymethacrylsäure eingesetzt. Die Umsetzungsprodukte dieser Pfropfcopolymere mit bakteriziden Substanzen haben folgende Struktur:

$$Zellulose-\cdots-CH_2-CH-\cdots \\ | \\ C-O^-R^+ \\ \| \\ O$$

wobei [R^+] für Silber-, Kupfer(II)-Ionen oder für das Molekül des Antibiotikums, z.B. Neomycin, steht.

In analoger Weise können in die modifizierte Zellulose Zinn-Ionen eingeführt werden, z.B. durch Umsetzung der Carboxy-Gruppen des Pfropfcopolymeren mit Trimethyl- oder Triphenylzinnhydroxid. Diese zinnhaltigen Verbindungen sind schon bei geringstem Gehalt an gebundenem Metall (0,1 bis 0,16% der Zellulose-Masse) nicht nur in hohem Maße bakterizid, sondern verhindern auch Schimmelpilzbefall[347]. Die geringe Verfügbarkeit der zinnorganischen Verbindungen verringert jedoch die Chancen auf eine breite Nutzung dieser Methode. Aus dem gleichen Grund haben auch die antimikrobiellen Textilien, die chemisch gebundenes Silber enthalten, ungeachtet ihrer Beständigkeit gegenüber verschiedenen Behandlungen und ihrer hohen antimikrobiellen Wirksamkeit keine breite Anwendung erfahren.

In der Praxis werden am meisten Copolymere der Zellulose angewendet, die chemisch gebundenes Kupfer enthalten. Daraus hergestellte Textilien sind hellblau gefärbt. Sie werden zu Kitteln, Überhosen und Pantoffeln für das chirurgische Personal sowie Bekleidung für Patienten verarbeitet, die gefährliche Operationen überstanden haben.

Die antimikrobiellen Fasern, insbesondere die antimikrobiellen Viskosespinnfasern, werden außer auf den genannten Gebieten auch zur Luftfiltration benutzt. Es ist bekannt, daß in einigen Industriezweigen, z.B. bei der Herstellung von Antibiotika und Vitaminen, in der Lebensmittelindustrie, beim Abfüllen von Medikamenten, die Produktionsräume mit steriler Luft versorgt werden müssen. Hierfür eignen sich textile Flächengebilde – Gewebe und Vliesstoffe – aus antimikrobiellen Fasern.

Sehr interessant ist auch die Verwendung von bakteriziden Faserfiltern für die Versorgung von Operationsräumen mit keimfreier Luft.

Bakterizide Textilien können ferner zum Verpacken steriler chirurgischer Instrumente und sterilen Verbandzeugs verwendet werden. Ausgedehnte Versuche[348] haben gezeigt, daß chirurgische Instrumente in nicht sterilisierten Säckchen aus bakteriziden Nesselgeweben noch nach 10 Monaten vollkommen steril waren, während sie in Säckchen aus gewöhnlichem sterilisiertem Gewebe ihre Keimfreiheit schon nach ganz kurzer Zeit verloren hatten.

7.2 Blutstillende Textilien

Schon vor 25 bis 30 Jahren wurde vorgeschlagen, zur Lösung dieses in der Medizin (insbesondere für die Chirurgie) so wichtigen Problems Monocarboxyzellulose zu verwenden, ein Zellulose-Präparat, in dem mit Stickstoffdioxid primäre Hydroxy-Gruppen ganz oder teilweise zu Carboxy-Gruppen oxidiert sind. Die an die in die Zellulose eingeführten Carboxy-Gruppen gebundenen Ionen setzen sich mit den Eiweißstoffen des Blutes um, wodurch diese koagulieren und das Blut rasch gerinnt. Die Monocarboxyzellulose ist jedoch gegenüber heißem Wasser wenig beständig. Deshalb konnten solche Substanzen früher nicht sterilisiert und auch nicht wiederverwendet werden. Außerdem gibt es Schwierigkeiten bei der industriellen Durchführung der selektiven Zellulose-Oxidation.

Ein neues, vom Moskauer Textilinstitut und dem Wischnewski Institut für Chirurgie ausgearbeitetes Verfahren zur Herstellung hämostatischen Mulls ist von diesen Mängeln frei. Der hämostatische Mull kann, ohne seine spezifischen Eigenschaften einzubüßen, dampfsterilisiert werden. Die Gerinnbarkeit des Blutes ist optimal. Dabei wird aber nicht erwartet, daß der hämostatische Mull Blutungen aus größeren Blutgefäßen zum Stillstand bringt. Seine Anwendung führt zur raschen Gerinnung des nach Verletzungen aus Kapillargefäßen austretenden Blutes und ist deshalb speziell bei chirurgischen Eingriffen sehr zweckmäßig.

Zur Herstellung dieses Mulls werden auf die Zellulose polymere Carbonsäuren aufgepfropft und anschließend Metalle eingeführt, die Blut zum Gerinnen bringen können, insbesondere Calcium. Calcium-Salze des Pfropfcopolymeren der Zellulose mit Acrylsäure lassen sich nach drei Varianten darstellen[349]:

$$\text{Zellulose}-\cdots-\underset{\underset{\text{O}=\text{C}-\text{OH}}{|}}{\text{CH}_2-\text{CH}}-\cdots \xrightarrow{\text{Ca(OH)}_2} \text{Zellulose}-\cdots-\underset{\underset{\text{O}=\text{CO}-\text{Ca}/2}{|}}{\text{CH}_2-\text{CH}}-\cdots$$

$$\text{Zellulose}-\cdots-\underset{\underset{\text{O}=\text{CO}-\text{CH}_3}{|}}{\text{CH}_2-\text{CH}}-\cdots \xrightarrow{\text{Ca(OH)}_2} \text{Zellulose}-\cdots-\underset{\underset{\text{O}=\text{CO}-\text{Ca}/2}{|}}{\text{CH}_2-\text{CH}}-\cdots$$

$$\text{Zellulose}-\text{OH} \xrightarrow{n\text{CH}_2=\underset{\underset{\text{C}=\text{CO}-\text{Ca}/2}{|}}{\text{CH}}} \text{Zellulose}-\cdots-\underset{\underset{\text{O}=\text{CO}-\text{Ca}/2}{|}}{\text{CH}_2-\text{CH}}-\cdots$$

Am geeignetsten ist die zuletzt beschriebene Reaktion. Das Aufpropfen des wasserlöslichen Calciumacrylats erfolgt nach dem Radikalmechanismus. Nach diesem Verfahren wird in der Sowjetunion hämostatischer Mull industriell hergestellt[350].

Die Möglichkeiten der Anwendung modifizierter zellulosischer Materialien in der Medizin werden durch die besprochenen nicht erschöpft. Die Medizin bietet noch eine Reihe interessanter Ansatzpunkte.

Literatur

1. Statisticheskii Ezhegodnik Stran Chlenov SEV (1981), Moskau; Rubber Statistical Bulletin (1981), 36(1), p. 2, 3.
2. FAO Monthly Bulletin of Statistic (1981), 4, 12; Text. Organon (1980), (6), 75–84.
3. Rogowin, Z.A. (1974), Grundlagen der Chemiefaserchemie und -technologie, Verlag Chimija, Moskau, Bd. 1, S. 518.
4. Price, G., Hasuell, V. (1962), J. Appl. Polym. Sci., 6(19), 2116–2119.
5. Loeb, L., Segal, S. (1955), Text. Res. J., 26 (4), 516–520; Rogowin, Z.A. (1957), Fortschritte der Chemie und der Technologie der Polymere, Verlag Goskhimizdat, Moskau, Sammelband 2, S. 107–109.
6. Rogowin, Z.A. (1972), Zellulosechemie, Verlag Chimija, Moskau, S. 519.
7. Wittbeker, E.L., Morgan, P.W. (1959), J. Polym. Sci., 40, 289–292; Koontz, F.H., Fietz, R.E. (1959), J. Polym. Sci., 40, 137–144; (1960) Khim. Tekhnol. Polimerov, (6), 3–29.
8. Sun Tung, Vei-Kang Chang, Rogowin, Z.A. (1961), Vysokomol. Soedin., 3(6), 382–389.
9. Makarov-Zemlyanskii, Ya.Ya., Gertsev, V.V. (1965), Zh. Obshch. Khim., 35(1), 272–275.
10. Predvoditelev, D.A., Nifantev, E.E., Rogowin, Z.A. (1965), Vysokomol. Soedin., 7(6), 1005–1009.
11. Predvoditelev, D.A., Tyuganova, M.A., Nifantev, E.E. (1965), Zh. Vses. Khim. Ova. im. D.I. Mendeleeva, 10(2), 459–462; (1967), Zh. Prikl. Khim., 40(1), 171–177.
12. Mei-Yen Wu u.a. (1963) im Buch: Zellulose und ihre Derivate, Verlag der Akad. d. Wiss. d. UdSSR, Moskau, 37–39.
13. Petrov, K.A., Nifantev, E.E. (1962), Vysokomol. Soedin., 4(2), 242–246.
14. Predvoditelev, D.A., Nifantev, E.E., Rogowin, Z.A. (1967), Zh. Prikl. Khim., 40(2), 413–417.
15. Petrov, K.A. u.a. (1963) im Buch: Zellulose und ihre Derivate, Verlag der Akad. d. Wiss. d. UdSSR, Moskau, 86–89.
16. Plisko, E.A. (1961), Zh. Obshch. Khim., 31 (2), 471–474.
17. Plisko, E.A., Tokunova, I.G., Danilov, S.N. (1963), Zh. Prikl. Khim., 36(7), 1303–1308.
18. Laletin, A.I., Galbraich, L.S., Rogowin, Z.A. (1967), Vysokomol. Soedin., 9B(12), 857–860.
19. Laletin, A.I., Galbraich, L.S., Rogowin, Z.A. (1968), Vysokomol. Soedin., 10A(3), 652–656.
20. Laletin, A.I., Galbraich, L.S., Rogowin, Z.A. (1971), Cellul. Chem. Technol., 5(1), 3–16.
21. Vikhoreva, C.A., Galbraich, L.S., Rogowin, Z.A. (1974), Cellul. Chem. Technol., 8(2), 115–124.
22. Usov, A.I., Ivanova, V.S. (1973), Izv. Akad. Nauk SSSR, Ser. Khim., (4), 910–913.
23. Lushina, L.M. u.a. (1972), Vysokomol. Soedin., 14B(2), 84.
24. Lushina, L.M. u.a. (1974), Temat. Sb. Trudov MTI. Proizvod. Khim. Volokon, Ausg. 1(4), 5–9.
25. Galbraich, L.S. u.a. (1973), Thesen d. XVIII Konf. über Hochmol. Verbb., Kasan, 103–105.
26. Shemai, V.A., Sudan, R.K. (1971), Text. Res. J., 41(6), 554–555.
27. Kuznetsova, Z.I., Ivanova, V.S., Usov, A.I. (1971), Izv. Akad. Nauk SSSR, Ser. Khim., (4), 879–882.
28. Dimitrov, D.G., Galbraich, L.S., Rogowin, Z.A. (1969), Vysokomol. Soedin., 11B(12), 911–912.
29. Brit. P. 249 842 (1925); Hess, K., Pfleger, R. (1933), Ann., Bd. 507, 48–54.
30. Parker, A.D. (1971), Usp. Khim., 40(12), 2203.
31. Alexander, R., Parker, A. (1968), J. Am. Chem. Soc., 90, 5049.
32. Reichert, H. (1973), Lösungsmittel in der org. Chemie, Übers. aus d. Deutschen, S. 147.
33. Sletkina, L.S., Polyakov, A.I., Rogowin, Z.A. (1965), Vysokomol. Soedin., 7(2), 199–204.
34. Chaikina, E.A., Galbraich, L.S., Rogowin, Z.A. (1967), Cellul. Chem. Technol., 1(6), 625–639.
35. Belyakova, M.K., Galbraich, L.S., Rogowin, Z.A. (1971), Cellul. Chem. Technol., 5(5), 405–415.
36. Usov, A.I. u.a. (1974), Izv. Akad. Nauk SSSR, Ser. Khim., 11, 2575–2578.
37. Ilieva, N.I. u.a. (1967), Khim. Drev., (3), 28–33.
38. Ilieva, N.I., Galbraich, L.S., Rogowin, Z.A. (1975), Khim. Drev., (6), 13.
39. Reinhardt, R., Reed, V., Daul, G. (1956), Text. Res. J., 26, 1–21.
40. Rogowin, Z.A., Vladimirova, T.V. (1957), Khim. Nauka Promst., 2(2), 527–530.
41. Belyakova, M.K., Galbraich, L.S., Rogowin, Z.A. (1969), Vysokomol. Soedin., 11A(3), 577–581.

42 Smirnova, G.N. u.a. (1966), Khim. Prir. Soedin., 2(1), 3–5.
43 Smirnova, G.N., Galbraich, L.S., Rogowin, Z.A. (1967), Cellul. Chem. Technol., 1(1), 11–12.
44 Makhsudov, Yu.M., Galbraich, L.S., Rogowin, Z.A. (1967), Vysokomol. Soedin., 9A(8), 1733–1738.
45 Makhsudov, Yu.M. u.a. (1966), Khim. Prir. Soedin., 2(2), 372–376.
46 Ilieva, N.I., Galbraich, L.S., Rogowin, Z.A. (1976), Cellul. Chem. Technol., 10(5), 529–547.
47 Khalmuradov, N. u.a. (1966), Vysokomol. Soedin., 8(8), 1089–1093.
48 Chaikina, E.A., Galbraich, L.S., Rogowin, Z.A. (1967), Vysokomol. Soedin., 9B(2), 151–155.
49 Belyakova, M.K., Galbraich, L.S., Rogowin, Z.A. (1970), Vysokomol. Soedin., 12B(11), 790–793.
50 Galbraich, L.S. u.a. (1969), Makromol. Chem., 122, 38–50.
51 Polukhina, S.I., Galbraich, L.S., Rogowin, Z.A. (1969), Vysokomol. Soedin., 11B(4), 270–272.
52 Polukhina, S.I., Galbraich, L.S., Rogowin, Z.A. (1968), Vysokomol. Soedin., 10A(9), 2039–2041.
53 Makhsudov, Yu.M., Galbraich, L.S., Polyakov, A.I. (1966), Vysokomol. Soedin., 8(7), 1289–1294.
54 Komar, V.P. u.a. (1966), Vysokomol. Soedin., 8(11), 2012–2017.
55 Rogowin, Z.A., Vladimirova, T.V. (1960), Vysokomol. Soedin., 2(3), 342–346.
56 Kuznetsova, Z.I., Ivanova, S.V., Shorygina, N.N. (1962), Izv. Akad. Nauk SSSR, OKhN, (6), 2087–2090.
57 Kholmuradov, N. u.a. (1964), Vysokomol. Soedin.,, 9B(12), 876–879; (1965), 7(3), 439–442.
58 Kholmuradov, N. u.a. (1966), Izv. Vuzov. Khim. Khim. Tekhnol., 9(3), 470–472.
59 Akovbyan, E.M., Galbraich, L.S., Rogowin, Z.A. (1966), Vysokomol. Soedin., 8(5), 959–960.
60 Akovbyan, E.M., Chaikina, E.A., Galbraich, L.S. (1968), Vysokomol. Soedin., 10A(6), 428–432.
61 Karasch, M., Iensen, E., Urry, W. (1945), J. Am. Chem. Soc., 67, 1626–1629; (1946), 68, 154–163; (1947), 69, 1100–1103; Barry, A.I., Pree, L. de (1947), J. Am. Chem. Soc., 69, 2916–2920.
62 Kaverzneva, E.D., Ivanov, V.I., Salova, A.S. (1949), Izv. Akad. Nauk SSSR, OKhN, (2), 369–372.
63 Dimitrov, D.G., Galbraich, L.S., Rogowin, Z.A. (1965), Vysokomol. Soedin., 7(12), 2174–2175.
64 Dimitrov, D.G., Galbraich, L.S., Rogowin, Z.A. (1968), Cellul. Chem. Technol., 2(4), 375–389.
65 Nazarina, L.A., Okhlobystin, O.Yu., Rogowin, Z.A. (1970), Vysokomol. Soedin., 12B(6), 459–460.
66 Skokova, I.F., Komar, V.P., Khomyakov, K.P., Virnik, A.D., Zhbankov, R.G., Rogowin, Z.A. (1971), Cellul. Chem. Technol., 5(6), 567.
67 Nazarina, L.A., Galbraich, L.S., Rogowin, Z.A., Zhbankov, R.G., Kulakov, V.A., Firsov, S.P. (1975), Cellul. Chem. Technol., 9(5), 529.
68 Zhbankov, R.G., Ivanova, N.V., Komar, V.P. (1966), Vysokomol. Soedin., 8, 1778.
69 Konkin, A.A., Rogowin, Z.A. (1959), Zh. Prikl. Khim., 32, 252.
70 Daugvilene, L.Ya., Galbraich, L.S. (1978), Khim. Drev., (5), 8.
71 Reeves, R.E. (1954), J. Amer. Chem. Soc., 76, 4595.
72 Voitenko, I.L., Galbraich, L.S., Rogowin, Z.A. (1971), 13B(1), 66–68.
73 Tkacheva, L.R., Akim, E.L., Galbraich, L.S. (1971), Vysokomol. Soedin., 13A(8), 1819–1823.
74 Galbraich, L.S., Voitenko, I.L., Rogowin, Z.A. (1972), Cellul. Chem. Technol., 6(6), 627–633.
75 Tkacheva, L.P. u.a. (1971), Vysokomol. Soedin., 13B(1), 57–59.
76 Voitenko, I.L. u.a. (1972), Vysokomol. Soedin., 14B(1), 66–69.
77 Rogowin, Z.A. (1965), Bul. Inst. Politeh. Iasi, 11(15), 169–171.
78 Ilin, A.A., Galbraich, L.S., Morin, B.P. (1980), Cellul. Chem. Technol., 14, 327.
79 Ilin, A.A., Galbraich, L.S., Morin, B.P. (1980), Khim. Drev., (4), 68.
80 Plate, N.A., Shibaev, V.P. (1962), Zh. Vses. Khim. Ova. im. D.I. Mendeleeva, 7(2), 147–154.
81 Sun Tung, Derevitskaya, V.A., Rogowin, Z.A. (1959), Vysokomol. Soedin., 1(11), 1625–1629.
82 Volgina, S.A., Kryazhev, Yu.G., Rogowin, Z.A. (1965), Vysokomol. Soedin., 7(7), 1154–1158.
83 Chernukhina, A.P., Gabrielyan, G.A., Rogowin, Z.A. (1974), Vysokomol. Soedin., 16B(11), 817–819.
84 Berlin, A.A. u.a. (1960), Vysokomol. Soedin., 2(8), 1188–1191.
85 Kryazhev, Yu.G., Polyakov, A.I., Rogowin, Z.A. (1963), Zellulose und ihre Derivate, Verlag der Akad. d. Wiss. d. UdSSR, Moskau, 48–54.
86 Rogowin, Z.A., Wu Jung-Jui (1959), Vysokomol. Soedin., 1(11), 1630–1633.
87 Sebenda, I., Kralicek, I. (1958), Chem. Listy, 52(6), 758–763.
88 Wichterle, O., Gregor, O. (1959), J. Polym. Sci., 52, 309–312.
89 Swenker, R.F., Pacsu, E. (1963), TAPPI, 46 (5), 665–668.
90 Schurz, J. (1964), Das Papier, 18(9), 437–439; Bereza, M.P., Livshits, R.M., Rogowin,

Z.A. (1970). Izv. Vuzov. Khim. Khim. Tekhnol., (3), 416–418.

[91] Livshits, R.M., Rogowin, Z.A. (1965), Usp. Khim., 34(6), 1086–1107; Rogowin, Z.A. (1972), J. Polym. Sci., C, (37), 221–250; Krässig, H. (1971), Svensk Papperstidn., 74(10), 417–420; Livshits, R.M., Rogowin, Z.A. (1969), Fortschritte der Polymerchemie, Verlag Nauka, Moskau, 158–198; Teichmann, R. (1975), Faserforsch. Textiltech., 26(1), 67–69.

[92] Rogowin, Z.A. (1962), Zh. Vses. Khim. Ova. im. D.I. Mendeleeva, 7(2), 154–163.

[93] Glukman, M.C. u.a. (1959), J. Polym. Sci., 40, 441–445.

[94] Ray-Choudhury, D.K., Hermans, I.I. (1960), J. Polym. Sci., 41, 1959–1962; (1961), 51, 343–345.

[95] Landells, G., Whewell, C.S. (1951), J. Soc. Dyers Colour., 67(2), 338–340; (1955), 71(1), 171–174.

[96] Bridgeford, D.J. (1962), Ind. Eng. Chem., Prod. Res. Dev., 1(1), 45–51; (1962), Khim. Tekhnol. Polimerov, 9(1), 61–77.

[97] Gulina, A.A., Livshits, R.M., Rogowin, Z.A. (1965), Khim. Volokna, (3), 29–32.

[98] Richards, F.N. (1961), J. Appl. Polym. Sci., 5(2), 533–539.

[99] Gulina, A.A., Livshits, R.M., Rogowin, Z.A. (1965), Vysokomol. Soedin., 7(9), 1520–1534.

[100] Hermans, I.I. (1962), Pure Appl. Chem., 5(2), 147–149.

[101] Kolthoff, M., Miller, I.K. (1952), J. Am. Chem. Soc., 74, 4419–4424; Kolthoff, M., Mehan, E.F., Karr, E.M. (1953), J. Am. Chem. Soc., 75, 1439–1443.

[102] Saukolia, S.H., Ray-Choudhury, D.K., Hermans, I.I. (1862), Can. J. Chem., 40, 2249–2253.

[103] Livshits, R.M., Rogowin, Z.A. (1967), Cellul. Chem. Technol., 1(2), 153–169.

[104] Geacintov, N. u.a. (1960), J. Appl. Polym. Sci., 3(1), 54–57; (1959), Makromol. Chem., 36, 52–58.

[105] Usmanov, Kh.U., Aikhodzhaev, B.I., Azizov, I.O. (1959), Vysokomol. Soedin., 1(9), 1570–1572; (1961), J. Polym. Sci., 53, 87–89.

[106] Kargin, V.A., Kozlov, P.V., Plate, N.A. (1959), Vysokomol. Soedin., 1(2), 114–115.

[107] Radchenko, T.O., Sletkina, L.S., Larina, G.I. (1963), Zellulose und ihre Derivate, Verlag der Akad. d. Wiss. d. UdSSR, Moskau, 25–32.

[108] Ditz, O. (1907), Chem. Ztg., 31, 833–836.

[109] Morin, B.P., Kryazhev, Yu., Rogowin, Z.A. (1965), Vysokomol. Soedin., 7(8), 1463–1467.

[110] Kozmina, O.P. u.a. (1959), Zh. Obshch. Khim., 28(11), 3202–3204.

[111] Richards, G.M. (1961), J. Appl. Polym. Sci., 5(2), 533–539.

[112] Rogowin, Z.A. u.a. (1962), Vysokomol. Soedin., 4(4), 571–576.

[113] Simionesku, Kh. (1965), Khim. Tekhnol. Polimerov, 12(10), 84–98.

[114] Ispravnikova, A.G., Sletkina, L.S., Rogowin, Z.A. (1962), Vysokomol. Soedin., 4(12), 1790–1795.

[115] Mino, G., Kaiserman, S. (1958), J. Polym. Sci., 39, 242–245.

[116] Mino, G., Kaiserman, S., Rasmussen, R. (1959), J. Polym. Sci., 40, 523–526.

[117] Livshits, R.M. u.a. (1964), Vysokomol. Soedin., 6(4), 655–657.

[118] Kurlyankina, V.I., Sarina, N.V., Kozmina, O.P. (1970), Kinet. Katal., 11(5), 1159.

[119] Livshits, R.M., Rogowin, Z.A. (1963), Zellulose und ihre Derivate, Verlag der Akad. d. Wiss. d. UdSSR, Moskau, 12–18.

[120] Livshits, R.M. u.a. (1963), Zellulose und ihre Derivate, Verlag der Akad. d. Wiss. d. UdSSR, Moskau, 65–67.

[121] Drumond, A.V., Wathers, W.A. (1953), J. Chem. Soc., (9), 2836–2841.

[122] Livshits, R.M., Predvoditelev, D.A., Rogowin, Z.A. (1963), Zellulose und ihre Derivate, Verlag der Akad. d. Wiss. d. UdSSR, Moskau, 60–65.

[123] Yudzi, M. u.a. (1963), Khim. Tekhnol. Polimerov, 10(1), 26–29.

[124] Kurlyankina, V.I., Molotkov, V.A., Kozmina, O.P. (1969), Vysokomol. Soedin., 11B(2), 117–119.

[125] Morin, B.P., Rogowin, Z.A. (1976), Vysokomol. Soedin., 18A(10), 2147–2160.

[126] Brit. P. 1 059 641 (1967); Krässig, H. (1971), Svensk Papperstidn., 74(10), 417–423.

[127] Dimov, K., Pavlov, P. (1969), J. Polym. Sci., 7A(1), 2775–2789.

[128] Morin, B.P. u.a. (1975), Faserforsch. Textiltech., 26(8), 382–387.

[129] Rogowin, Z.A. (1972), J. Polym. Sci., C, (37), 221–227.

[130] Belonovskaya, G.P., Dolgoplosk, B.A., Tinyakova, E.I. (1967), Izv. Akad. Nauk SSSR, OKhN, (2), 492–494; Dolgoplosk, B.A., Tinyakova, E.I. (1972), Redoxsysteme als Quellen freier Radikale, Verlag Nauka, Moskau, S. 312.

[131] Grigoryan, R.G., Gabrielyan, G.A., Rogowin, Z.A. (1967), Vysokomol. Soedin., 9A(1), 76–80.

[132] Sletkina, L.S. u.a. (1976), Cellul. Chem. Technol., 10(3), 315–323.

[133] Voinova, G.Yu., Morin, B.P., Rogowin, Z.A. (1980), Khim. Volokna, (3), 30.

[134] Kavalyunas, R.M. u.a. (1966), Vysokomol. Soedin., 8(2), 240–246.

[135] Gulina, A.A., Livshits, R.M., Rogowin, Z.A. (1965), Vysokomol. Soedin., 7(9), 1529–1531.

[136] Livshits, R.M., Morin, B.P., Rogowin, Z.A. (1967), Cellul. Chem. Technol., 1(2), 153–169; Garbuz, N.I. u.a. (1967), Vysokomol. Soedin., 9A(1), 123–127.

[137] Vali, A.I., Morin, B.P., Rogowin, Z.A. (1980), Vysokomol. Soedin., KhPB, (9), 678.

138 Vali, A.I., Morin, B.P., Rogowin, Z.A. (1980), Vysokomol. Soedin., KhPB, (10), 789.
139 Kryazhev, Yu.G., Rogowin, Z.A. (1961), Vysokomol. Soedin., 3(12), 1847–1852.
140 Druzhinina, N., Livshits, R.M., Rogowin, Z.A. (1967), Zh. Vses. Khim. Ova. im. D.I. Mendeleeva, 12(5), 677–679.
141 Livshits, R.M., Levites, L.P., Rogowin, Z.A. (1964), Vysokomol. Soedin., 6(9), 1624–1628.
142 Kesteng, H., Sternnet, W. (1962), Makromol. Chem., 55, 1–15.
143 Schurz, J., Rebek, M. (1966), Das Papier, 20(10), 664–668.
144 Hyang Chandramouli (1968), J. Appl. Polym. Sci., 12(10), 2549–2553.
145 Kryazhev, Yu.G., Rogowin, Z.A., Chernaya, V.V. (1963), Zellulose und ihre Derivate, Verlag der Akad. d. Wiss. d. UdSSR, Moskau, 94–100.
146 Gulina, A.A. u.a. (1968), Vysokomol. Soedin., 10A(2), 390–394.
147 Livshits, R.M. u.a. (1968), Cellul. Chem. Technol., 2(6), 579–592.
148 Movsum-Zade, A.A. u.a. (1964), Vysokomol. Soedin., 6(7), 1340–1345.
149 Geacintov, N. u.a. (1960), J. Polym. Sci., 4, 54; Sakurada, I. u.a. (1963), J. Polym. Sci., C, (3), 2–6.
150 Stanchenko, G.I. u.a. (1969), Cellul. Chem. Technol., 3(6), 567–583.
151 Stanchenko, G.I., Livshits, R.M., Rogowin, Z.A. (1968), 10B(9), 715–718.
152 Morin, B.P., Stanchenko, G.I., Kuznetsova, O.Yu., Rogowin, Z.A. (1980), Vysokomol. Soedin., KhPB, 922.
153 Rogowin, Z.A., Livshits, R.M. (1970), Bul. Inst. Politeh. Iasi, 16(90), Nr. 1–2, 297–302.
154 Livshits, R.M., Sydykov, T.S., Rogowin, Z.A. (1968), Cellul. Chem. Technol., 2(1), 3–24.
155 Sydykov, T.S. u.a. (1967), Vysokomol. Soedin., 9(12), 2035–2037.
156 Livshits, R.M., Sydykov, T.S., Rogowin, Z.A. (1968), Cellul. Chem. Technol., 2(1), 3–24.
157 Rogowin, Z.A. u.a. (1968), Vysokomol. Soedin., 10B(1), 46–49.
158 Razikov, K.Kh., Usmanov, Kh.U., Azizov, U.A. (1964), Vysokomol. Soedin., 6(12), 1959–1962.
159 Asimova, R.M. u.a. (1963), Zellulose und ihre Derivate, Verlag der Akad. d. Wiss. d. UdSSR, Moskau, 100–107.
160 Movsum-Zade, A.A. u.a. (1965), Vysokomol. Soedin., 7(8), 1297–1300.
161 Zharova, T.Ya., Tyuganova, M.A., Rogowin, Z.A. (1967), Tekst. Promst., (6), 67–69.
162 Saukalia, S.H., Ray Choudhury, D.K., Hermans, I.I. (1962), Can. J. Chem., 40, 2230–2231.
163 Rogowin, Z.A., Shorygina, N.N. (1953), Chemie der Zellulose und ihrer Begleiter, Verlag Goskhimizdat, Moskau, 678.
164 Horton, L., Luetzow, A.E., Theander, O. (1973), Carbohydr. Res., 26(1), 1–21.
165 Luetzow, A.E., Theander, O. (1974), Svensk Papperstidn., 77(9), 312–316.
166 Korotkova, A.Yu., Kryazhev, Yu.G., Rogowin, Z.A. (1964), Vysokomol. Soedin., 6(11), 1980–1986.
167 Stephen, H. (1925), J. Chem. Soc., 127, 1874–1877.
168 Konnova, N.F. u.a. (1966), Vysokomol. Soedin., 8(3), 422–426.
169 Rogowin, Z.A. u.a. (1966), Khim. Volokna, (3), 27–30.
170 Kozlova, Yu.S., Rogowin, Z.A. (1960), Vysokomol. Soedin., 2(4), 614–618.
171 Staudinger, H., Eicher, F. (1953), Makromol. Chem., 10, 251–259.
172 Vladimirova, T.V. u.a. (1967), Vysokomol. Soedin., 7(5), 786–790.
173 Galbraich, L.S., Masaidova, G.S., Rogowin, Z.A. (1969), Cellul. Chem. Technol., 3(5), 455–467.
174 Masaidova, G., Yakunina, A.S., Galbraich, L.S. (1966), Vysokomol. Soedin., 8(5), 865–867.
175 Korotkova, A.Yu., Rogowin, Z.A. (1965), Vysokomol. Soedin., 7(9), 1571–1575.
176 Chaikina, E.A., Galbraich, L.S., Rogowin, Z.A. (1965), Vysokomol. Soedin., 7(12), 2020–2023.
177 Sun Tung, Derevitskaya, V.A., Rogowin, Z.A. (1959), Vysokomol. Soedin., 1(8), 1178–1181.
178 Galbraich, L.S., Derevitskaya, V.A., Rogowin, Z.A. (1961), Vysokomol. Soedin., 3(10), 1561–1565.
179 Galbraich, L.S., Rogowin, Z.A. (1963), Vysokomol. Soedin., 5(5), 693–699.
180 Galbraich, L.S., Vladimirova, T.V., Rogowin, Z.A. (1966), Izv. Vuzov. Khim. Khim. Tekhnol., 9(1), 113–116.
181 Vladimirova, T.V. u.a. (1967), Izv. Vuzov. Khim. Khim. Tekhnol., (5), 594–596.
182 Tolmachev, V.N., Drobnitskaya, W.V., Galbraich, L.S. (1975), Izv. Vuzov. Khim. Khim. Tekhnol., (2), 198–202.
183 Rogowin, Z.A. (1959), Usp. Khim., 28(7), 850–875.
184 Galbraich, L.S., Rogowin, Z.A. (1961), Vysokomol. Soedin., 3(7), 980–983.
185 Polyakov, A.I., Rogowin, Z.A. (1963), Vysokomol. Soedin., I(2), 161–163.
186 Lishevskaya, M.O., Virnik, A.D., Rogowin, Z.A. (1963), Zellulose und ihre Derivate, Verlag der Akad. d. Wiss. d. UdSSR, Moskau, 32–37.
187 Kuznetsova, Z.I., Iranova, V.S., Shorygina, N.N. (1964), Izv. Akad. Nauk SSSR, Ser. Khim. 7, 2232, 2235.
188 Sakurada, I. (1929), Bull. Inst. Phys. Chem. (Tokyo), 8, 265–268; Karrer, P., Wehri, W. (1926), Helv. Chim. Acta, 9(2), 951–957.

[189] Sherer, I., Feild, J. (1951), Rayon Text. Mon., 32(4), 607-612.
[190] Krylova, R.G., Ryadovskaya, S.N., Golova, O.P. (1967), Vysokomol. Soedin., 9A(7), 993-997; (1960), 2B(5), 381-383.
[191] Usov, A.I. u.a. (1973), Vysokomol. Soedin., 15A(5), 1150-1153.
[192] Portnaya, T.D., Morin, B.P., Rogowin, Z.A. (1975), Vysokomol. Soedin., 16A(2), 120-122.
[193] Lin Yang, Derevitskaya, V.A., Rogowin, Z.A. (1959), Vysokomol. Soedin., 1(1), 157-161.
[194] Sun Tung, Derevitskaya, V.A., Rogowin, Z.A. (1960), Vysokomol. Soedin., 2(5), 785-790.
[195] Polyakov, A.I., Derevitskaya, V.A., Rogowin, Z.A. (1961), Vysokomol. Soedin., 3(7), 1027-1030.
[196] Soffer, I.M., Carpenter, E. (1962), Text. Res. J., 32, 847-849.
[197] Sun Tung, Derevitskaya, V.A., Rogowin, Z.A. (1960), Vysokomol. Soedin., 2(12), 1768-1771.
[198] Polyakov, A.I., Dobrzhinskaya, M.S., Nesterov, L.P. (1972), Vysokomol. Soedin., 14B(11), 835-836.
[199] Philips, F. (1961), Text. Res. J., 31, 377-378.
[200] Sletkina, L.S., Bargamova, M.D., Rogowin, Z.A. (1963), Zellulose und ihre Derivate, Verlag der Akad. d. Wiss. d. UdSSR, Moskau, 55-59.
[201] Sletkina, L.S., Rogowin, Z.A. (1967), Vysokomol. Soedin., 9B(5), 348-352.
[202] Sletkina, L.S., Rogowin, Z.A. (1967), Cellul. Chem. Technol., 1(6), 641-653.
[203] Sletkina, L.S., Rogowin, Z.A., Cheburkov, Yu. A. (1967), Vysokomol. Soedin., 9B(1), 37-40.
[204] Timokhin, I.M., Tokunova, V.V., Malinina, A.I. (1968), Thesen der Ukrainischen wiss.-techn. Konferenz. Kiew, „Naukova Dumka", 12-14.
[205] Timmel, T. (1948), Svensk Papperstidn., 51(8), 254-258.
[206] Plisko, E.A., Danilov, S.N. (1963), Zh. Prikl. Khim., 36, 2060-2063.
[207] Goettals, E., Natans, G. (1966), Makromol. Chem., 91, 259-267.
[208] Galbraich, L.S., Derevitskaya, V.A., Rogowin, Z.A. (1962), Vysokomol. Soedin., 4(3), 409-413.
[209] Snezhko, V.A., Virnik, A.D., Rogowin, Z.A. (1964), Zh. Prikl. Khim., 37, 1156-1158.
[210] Polukhina, S.I., Galbraich, L.S., Rogowin, Z.A. (1968), Vysokomol. Soedin., 10B(7), 479-480.
[211] Morgan, P.V., Isard, E.F. (1944), Ind. Eng. Chem., 36, 617-621; Liffland, L., Pacsu, E. (1962), Text. Res. J., 32, 170-175.
[212] Lishevskaya, M.O., Virnik, A.D., Rogowin, Z.A. (1964), Chemische Eigenschaften und Modifizierung der Polymere, Verlag der Akad. d. Wiss. d. UdSSR, Moskau, 243-246.
[213] Champetier, G., Hennegin-Lusak, F. (1958), C.R., 247(2), 2785-2793.
[214] Sharkova, E.F., Virnik, A.D., Rogowin, Z.A. (1966), Vysokomol. Soedin., 8(8), 1450-1454.
[215] Kurosaki, H., Iwakura, E. (1963), Khim. Tekhnol. Polimerov, 10(1), 65-68.
[216] Sharkova, E.F., Virnik, A.D., Rogowin, Z.A. (1964), Vysokomol. Soedin., 6(5), 951-956.
[217] Rogovin, Z.A. (1965), Izv. Yasskogo Politekhn. Inst., 11, 169-171.
[218] Polyakov, A.I., Derevitskaya, V.A., Rogowin, Z.A. (1960), Vysokomol. Soedin., 2(3), 386-389.
[219] Polyakov, A.I., Derevitskaya, V.A., Rogowin, Z.A. (1963), Vysokomol. Soedin., 5(2), 161-163.
[220] Chugaev, L.A. (1955), Ausgewählte Werke, Verlag der Akad. d. Wiss. d. UdSSR, Moskau, 491.
[221] Marupov, R. u.a. (1963), Zellulose und ihre Derivate, Verlag der Akad. d. Wiss. d. UdSSR, Moskau, 150-157.
[222] Descotes, J., Tauve, A., Martin, L.-C. (1971), Bull. Soc. Chim. Fr., (12), 2590-2593.
[223] Berlin, A.A., Makarova, T.A. (1951), Zh. Obshch. Khim., 21(4), 1267-1269.
[224] Bernstein, E.I., Aikhodzhaev, B.I., Pogosov, Yu.L. (1964), Chemie und physikalische Chemie der natürlichen Polymere, Verlag Nauka, Taschkent, 2. Ausg., S. 156.
[225] Sharkova, E.F., Virnik, A.D., Rogowin, Z.A. (1965). Izv. Vuzov. Khim. Khim. Tekhnol., (3), 465-468.
[226] Grigoryan, R.G., Rogowin, Z.A. (1967), Tekhnol. Tekst. Promst., (4), 110-114.
[227] Masaidova, G.S. u.a. (1967), Vysokomol. Soedin., 9A(1), 166-170.
[228] Masaidova, G.S., Kryazhev, Yu.G. (1966), Vysokomol. Soedin., 8(9), 1540-1542.
[229] Piterson, P., Soper, H. (1956), J. Am. Chem. Soc., 78, 751-759; Nifantev, E.E. (1965), Usp. Khim., (5), 2206-2217.
[230] Mei-Yen, Wu, Zharova, T.Ya., Rogowin, Z.A. (1962), Zh. Prikl. Khim., 35, 1820-1824.
[231] Kiselev, A.D., Kutsenko, L.I., Danilov, S.N. (1973), Zh. Prikl. Khim., 46, 909-912.
[232] Predvoditelev, D.A., Nifantev, E.E., Rogowin, Z.A. (1965), 7(5), 791-794.
[233] Petrov, K.A., Nifantev, E.E., Sopikova, I.I. (1963), Dokl. Akad. Nauk SSSR, 151(4), 859-871.
[234] Predvoditelev, D.A., Nifantev, E.E., Rogowin, Z.A. (1966), Vysokomol. Soedin., 8(1), 76-79.
[235] Garbuz, I.I. u.a. (1966), Vysokomol. Soedin., 8(4), 613-619.
[236] Zhbankov, R.G. u.a. (1963), Vysokomol. Soedin., 5(9), 1242-1246.
[237] Petrov, K.A., Nifantev, E.E. (1962), Vysokomol. Soedin., 4(2), 242-244; Petrov, K.A. u.a. (1963), Zellulose und ihre Derivate, Verlag der Akad. d. Wiss. d. UdSSR, Moskau, 86-89.

238 Todd, A., Atherson, F.R. (1974), J. Am. Chem. Soc., C, 674–682.
239 Predvoditelev, D.A., Nifantev, E.E., Rogowin, Z.A. (1966), Vysokomol. Soedin., 8(2), 213–215.
240 Hobard, S., Drake, G., Gutrie, I. (1959), Text. Res. J., 29, 884–889.
241 Polyakov, A.I. (1963), Dissertation, MTI.
242 Mei-Yen, Wu, Rogowin, Z.A. (1963), Vysokomol. Soedin., 5(5), 706–711.
243 Andrianov, K.A., Sobolevskii, M.V. (1949), Hochmolekulare siliziumorganische Verbindungen, Verlag Oborongiz, Moskau, S. 148.
244 Ivanov, N.V., Rogowin, Z.A., Andrianov, K.A. (1963), Zellulose und ihre Derivate, Verlag der Akad. d. Wiss. d. UdSSR, Moskau, 44–47.
245 Predvoditelev, D.A., Rogowin, Z.A. (1967), Vysokomol. Soedin., 9(9), 661–662.
246 Ivanov, M.V., Rogowin, Z.A., Nguyen, Win Chi (1965), Izv. Vuzov. Khim. Khim. Tekhnol., 1, 124–126.
247 Akovbyan, E.M., Galbraich, L.S., Rogowin, Z.A. (1967), Izv. Vuzov. Khim. Khim. Tekhnol., (4), 454–456.
248 Akovbyan, E.M., Galbraich, L.S., Rogowin, Z.A. (1963), Zellulose und ihre Derivate, Verlag d. Akad. d. Wiss. d. UdSSR, Moskau, 110–113.
249 Shaposhnikova, S.I., Aikhodzhaev, B.I., Pogosov, Yu.L. (1965), Vysokomol. Soedin., 7(8), 1314–1317.
250 Artemova, Yu.V. u.a. (1971), Cellul. Chem. Technol., 5(4), 319–331.
251 Predvoditelev, D.A., Baksheeva, M.S. (1972), Zh. Prikl. Khim., 45(4), 857–860.
252 Rogovin, Z.A. (1962), Vestn. Akad. Nauk SSSR, (1), 25–29.
253 Einsele, U. (1964), Melliand Textilber., 45(4), 641–645.
254 Morin, B., Breusova, I., Rogowin, Z.A. (1980), Adv. Polym. Sci., 42.
255 Rogowin, Z.A. u.a. (1963), Izv. Vuzov. Tekhnol. Tekst. Promst., (4), 95–99.
256 Morin, B.P., Stanchenko, G.I., Kznetsova, S.Yu., Rogowin, Z.A. (1979), Khim. Volokna, (1), 34.
257 Bereza, M.P., Morin, B.P., Rogowin, Z.A. (1977), Khim. Volokna, (4), 32–34.
258 Gulina, A.A., Livshits, R.M., Rogowin, Z.A. (1965), Izv. Vuzov. Khim. Khim. Tekhnol., (2), 291–296.
259 Bereza, M.P., Morin, B.P., Carevskaja, I.Ju. (1975), Faserforsch. Textiltech., 26(11), 564–569.
260 Breusova, I.P., Morin, B.P., Rogowin, Z.A. (1967), Faserforsch. Textiltech., 27(3), 107–110.
261 Dolgoplosk, B.S., Tinyakova, E.I. (1972), Redoxsysteme als Quelle freier Radikale, Verlag Nauka, Moskau, S. 312.
262 Morin, B.P., Stanchenko. G.I., Rogowin, Z.A. (1979), Khim. Volokna, (2), 11.

263 Morin, B.P., Bereza, M.P., Rogowin, Z.A. (1977), Das Papier, 31(9), 365–372.
264 Dimov, K., Pavlov, P. (1969), J. Polym. Sci., 7A(10), 2775–2778; (1969) USP 3 457 198; (1970) USP 3 502 240, 3 565 547.
265 Krässig, H. (1977), Lenzinger Ber., 42, 44.
266 Samoilov, V.I., Morin, B.P., Rogowin, Z.A. (1971), Faserforsch. Textiltech., 22(6), 297–304.
267 Pikovskaya, O., Serebryakova, Z. (1970), Khim. Volokna, (4), 49–51.
268 Heim, E. (1966), Chemiefasern, 16, 618–623; Naryshkina, E.K., Fisher, F.M. (1972), Tekst. Promst., (1), 77–80.
269 Komarov, E., Kozina, B. (1967), Neues aus der Verarbeitung von Chemiefasern. ZNIIPChV, Moskau, Ausg. 3, S. 49.
270 Pavlenko, A.A. u.a. (1972), Khim. Volokna, (1), 66–68.
271 Ismailov, F.A., Shokhodzhiev, T.Sh., Kamlov, S.A. (1972), Khim. Volokna, (6), 9–11.
272 Kavalyunas, R.I., Livshits, R.M., Rogowin, Z.A. (1966), Khim. Volokna, (3), 54–57; Papikyan, M. u.a. (1972), Khim. Volokna, (4), 71–72.
273 Kuchmenko, A.V., Morin, B.P., Tsarevskaya, I.Yu. (1972), Khim. Volokna, (4), 37–38; Kuchmenko, A.V. u.a. (1973), Vysokomol. Soedin., 15A(10), 2326–2331.
274 Kuchmenko, A.V. u.a. (1973), Khim. Volokna, (2), 64–65.
275 Smolyakov, O.I., Morin, B.P., Rogowin, Z.A. (1975), Khim. Volokna, (4), 47–48.
276 Smolyakov, O.I. u.a. (1976), Khim. Volokna, (1), 62–63.
277 Velikanova, I.W., Kostrov, Yu.A., Papkov, S.P. (1971), Khim. Volokna, (1), 61, 63; (2), 38–41.
278 Sletkina, L.S., Anufrieva, Yu.Ya. (1976), Zh. Vses. Khim. Ova. im. D.I. Mendeleeva, 21(1), 82–89.
279 Pierret, S., Bellaton, R. (1967), Teintex, 32(3), 165–167.
280 Codding, D. u.a. (1955), J. Polym. Sci., 15(80), 515–520.
281 Reid, T., Codding, D., Bovey, F. (1955), J. Polym. Sci., 18, 417–420.
282 (1970), SU Urheberschein 292 002; (1973), Otkr. Izobr. Prom. Obr. Tovarn. Znaki, Nr. 26, S. 3.
283 Zhdanova, Yu.P. u.a. (1976), Cellul. Chem. Technol., 10(3), 315–322.
284 Vali, A.I., Sletkina, L.S., Rogowin, Z.A. (1976), Zh. Vses. Khim. Ova. im. D.I. Mendeleeva, 20(6), 697–698.
285 (1973), SU Urheberschein 395 533; (1973), Otkr. Izobr. Prom. Obr. Tovarn. Znaki, Nr. 12, S. 19.
286 Kajoschi, U., Kaozu, K., Machio, Y. (1971), Text. Res. J., 41, 461–464.
287 (1972), USP 3 527 742.
288 (1968), SU Urheberschein 233 834; (1969), Otkr. Izobr. Prom. Obr. Tovarn. Znaki, Nr. 30, S. 22.

289 Krichewski, G.E. (1968), Reaktivfarbstoffe, Verlag Legkaya Promyshlennost, Moskau, S. 338.
290 (1974), SU Urheberschein 401 152; (1975), Otkr. Izobr. Prom. Obr. Tovarn. Znaki, Nr. 44, S. 12.
291 Berni, R., Benerito, R., Philips, F. (1960), Text. Res. J., 30, 576–579.
292 Anufrieva, Yu.Ya., Titkova, L.B., Sletkina, L.S. (1979), Khim. Volokna, (1), 13.
293 Rogowin, Z.A., Sletkina, L.S., Anufrieva, Yu. Ya. (1978), Melliand Textilber., 59(4), 307.
294 Sletkina, L.S., Zhdanov, Yu.A., Anufrieva, Yu.Ya. (1977), 2. Int. Chemiefasersymposium, Kalinin, Vorabdrucke, Bd. 4, 152–155.
295 (1974), SU Urheberschein 433 158; (1975), Otkr. Izobr. Prom. Obr. Tovarn. Znaki, Nr. 9, S. 16.
296 Peterson, H. (1969), Text. Res. J., 38, 156–160; (1970), 40, 335–338; Berni, R. (1972), Am. Dyest. Rep., 61(1), 44–47.
297 Silaeva, N.A. u.a. (1975), Khim. Drev., (6), 17–21.
298 Zhdanova, Yu.P., Rogowin, Z.A., Sletkina, L. S., Baibakov, F.A., Kashkin, A.V. (1980), Cellul. Chem. Technol., 14(5), 623.
299 SU Anmeldeschrift 2 581 704; (1978), FP 2 416 910; USP 4 198 326; SU Urheberschein 806 692; (1981), Bull. Izobr., Nr. 3.
300 Tyuganova, M.A., Lishevskaya, M.O., Rogowin, Z.A. (1974), Lenzinger Ber., 36, 186–192.
301 Tyuganova, M.A. u.a. (1973), Khim. Volokna, (3), 74–75.
302 Tyuganova, M.A., Mazov, M.Yu. (1972), Zh. Vses. Khim. Ova. im. D.I. Mendeleeva, 17 (6), 654–661.
303 FP 2 416 910; USP 419 823 (?); SU Urheberschein 806 692; Bull. Izobr. Nr. 3 (1981).
304 Bereza, M.P., Morin, B.P., Rogowin, Z.A. (1972), Tekst. Promst., (1), 23–25.
305 (SU?) Anmeldeschrift 2 578 783; (SU?) Urheberschein 798 118; (1981), Bull. Izobr., Nr. 3. (1978), FP 2 416 909; (1980), USP 4 199 485.
306 (1973), DDR 102 730; (1973), Brit. P. 1 372 158.
307 Ennan, A.A. u.a. (1975), Khim. Promst., (11), 846–849.
308 (1968), SU Urheberschein 215 371; (1976), Otkr. Izobr. Prom. Obr. Tovarn. Znaki, Nr. 7, S. 25.
309 (1972), Canad. P. 892 083; (1974), USP 3 821 137.
310 Flint, G., Geogani, M. (1968), J. Chem. Soc., 750–754.
311 Tolmachev, V.N. u.a. (1976), Izv. Vuzov. Khim. Khim. Tekhnol., (1), 97–101; (3), 444–449.
312 Rowogin, Z.A. u.a. (1966), Khim. Promst., (7), 512–514.
313 Fedonina, V.F. u.a. (1972), Khim. Promst., (1), 72–75.
314 Fedonina, V.F., Lishevskaya, M.O., Voronenko, V.V. (1972), Zh. Vses. Khim. Ova. im. D.I. Mendeleeva, 17(4), 474–475.
315 (1965), SU Urheberschein 230 738; (1968), Izobr. Prom. Obr. Tovarn. Znaki, Nr. 34, S. 21.
316 (1972), Canad. P. 892 083; (1973), Brit. P. 1 314 567; (1973), USP 3 728 103.
317 Portnaya, T.D., Morin, B.P., Rogowin, Z.A. (1975), Khim. Volokna, (4), 45–46.
318 Einsele, U. (1976), Lenzinger Ber., 40, 102–115.
319 Rogowin, Z.A. u.a. (1963), Vysokomol. Soedin., 5(4), 506–511.
320 Evteev, A.I., Rogowin, Z.A., Kireev, V.S. (1975), Khim. Volokna, (5), 31–33.
321 Tuyuganova, M.A., Mazov, M.Yu., Kopev, M.A. (1976), Zh. Vses. Khim. Ova. im. D.I. Mendeleeva, 21(1), 90–92.
322 Skwarski, T., Laszkiewiz, B., Straszezyk, T. (1976), Lenzinger Ber., 40, 118–124.
323 Defose, T.C., Welch, I.W. (1971), Mod. Text. Mag., 52(1), 65–69.
324 Goldfray, L.E., Schappel, I.W. (1970), Ind. Eng. Chem. Prod. Res. Dev., 9(2), 426–430.
325 Harms, J., Krässig, H. (1974), Lenzinger Ber., 39, 214–221.
326 (1978), (SU?) Urheberschein 632 702; (1978), Bull. Izobr.
327 Rogowin, Z.A., Tyuganova, M.A., Zubkova, N.S. u.a. (SU?) Anmeldeschrift 2 900 454; Ert. 26.2.81.
328 Tyuganova, M.A., Yurchenko, V.M., Zubkova, N.S. (1980), Khim. Drev., (4), 37.
329 Rogowin, Z.A. u.a. (1967), Vysokomol. Soedin., 9A(3), 698–703.
330 Sherwood, P. (1970), Can. Text. J., 87(2), 64.
331 Kacharov, S.A., Tuyuganova, M.A., Voinova, G.Yu., Mashlyakovskii, L.N. (1978), Izv. Vuzov. Khim. Khim. Tekhnol., 21(12), 1627.
332 Krässig, M. (1976), Lenzinger Ber., 41, 125–133.
333 Tyuganova, M.A., Kopev, M.A., Kacharov, S.A. (1981), Zh. Vses. Khim. Ova. im. D.I. Mendeleeva, 26(4), 421.
334 Virnik, A.D. (1967), Zh. Mikrobiol. Epidemiol. Immunol., (5), 110–112.
335 Malzeva, T.A., Virnik, A.D., Dmitriev, S.A. (1967), Zh. Mikrobiol. Epidemiol. Immunol., (3), 101–106.
336 Rogowin, Z.A., Virnik, D.A. (1971), Faserforsch. Textiltech., 22(3), 145–154.
337 Snezhko, D.L. u.a. (1966), Izv. Vuzov. Tekhnol. Tekst. Promst., (6), 92–95.
338 Virnik, A.D. (1972), im Buch: Das Antimikrobiellmachen von Faserstoffen, Verlag ZNIITEILEGPROM, Moskau, 26–34.
339 Virnik, A.D., Snezhko, D.L., Rogowin, Z.A. (1967), Khim. Volokna, (1), 51–52.
340 Gershman, A.N., Finger, G.G., Mogilevskii, E. M. (1973), Promst. Khim. Volokon, (8), 1–4.

[341] Virnik, A.D., Mogilevskii, E.M., Rogowin, Z.A. (1968), im Buch: Chemiefasern, Verlag Chimija, Moskau, 225–228.
[342] (1967), FP 1 499 788; (1967), Belg. P. 689 429; It. P. 853 619.
[343] Virnik, A.D. u.a. (1972), Tekst. Promst., (5), 56–59.
[344] Virnik, A.D. u.a. (1973), Izv. Vuzov. Tekhnol. Tekst. Promst., (6), 95–99.
[345] Vorobeva, I.A. u.a. (1975), Izv. Vuzov. Tekhnol. Tekst. Promst., (6), 92–95.
[346] Rogowin, Z.A., Virnik, A.D., Kondrashova, G.S., Kolokolov, B.N., Andronova, N.A., Plotkina, N.S. (1979), Cellul. Chem. Technol., 12 (4), 433.
[347] Artemova, Yu.V. u.a. (1970), Izv. Vuzov. Tekhnol. Tekst. Promst., (1), 93–96.
[348] Gefen, I.E. u.a. (1965), Voen. Med. Zh., (8), 80–82.
[349] (1967), FP 1 489 205; (1969), It. P. 837 132.
[350] Virnik, A.D., Usp. Khim., 42(3), 547–567.

Sachverzeichnis

A

Abriebfestigkeit 50
Acetal-Bindungen 3
– partielle Aufspaltung 16
Acetatfasern, antimikrobielle 111
– modifizierte, Herstellung 85ff
– wollähnliche 88
Acetolyse 41
N-Acetylcaprolactam 26
Acetylierung, Mischpolysaccharide 20
Acrylfluoralkylester 89
Acrylnitril-Gehalt im binären Monomerengemisch, Einfluß auf Zahl Propfketten 45
Acrylnitril-Styrol-Gemisch 44
Acrylnitril-Vinylacetat-Gemisch 44
Acrylsäure, Oligomere 24
Acrylsäureester perfluorierter Alkohole 90
Acyloxy-Gruppe 13
Adipinsäure 16
Agar-Agar-Lösungen, Eiweißstoffe entfernen 101
– entfärben 101
Aldehydzellulose, mit Hydroxylamin 52
6-Aldehydzellulose, Eigenschaften 52
Alkalizellulose, mit Propargylbromid 72
– mit siliciumhaltigen Alkylhalogeniden 78
– Umsetzungen 27
Alkoholyse 19
– Gesetzmäßigkeit 7
– niedermolekulare Ester 6
Alkyl(aryl)amino-Derivate 61
Alkyl(aryl)-trialcoxysilan, Alkoholyse 77
6-C-Alkyl-6-desoxy-glucose 17
N-alkylierte heterocyclische Basen 61
O-Alkylierung 3, 19
– Zellulose 91
Alkylphosphonsäurediamid 106
Allose 14

Altropyranose-Kettenglieder 20
Amidomethylierung 25
Aminoarylsulfosäure 65
m-Aminobenzoesäure 12
p-Aminobenzoesäure 12
ϵ-Aminocapronsäure 57
p-Amino-ω-chloracetophenon 33, 63
3-Amino-3-desoxyaltrose 60
2-Amino-2-desoxyglucose 60
Aminodesoxyzellulose 10, 60
– N-arylsubstituiert 66
6-Amino-6-desoxyzellulose 9
Aminodesoxyzucker-Bausteine 60
β-Aminoethylzellulose 24
Amino-Gruppen 60, 80
2(3)-Aminomethyl-2(3)-desoxyzellulose 9
ω-Aminoönanthsäure 57
Aminoönanthsäuremethylester 23
Ammonium-Verbindungen, quat., fluorhaltig 92
Ammonolyse, von Zellulosephosphoramid 106
Amylose 19
– Hydrolyse 20
– Strukturmodifizierung 19
γ-Amylose, Nitrierung 19
– Sulfatierung 19
Anhydrocyclen 21
2,3-Anhydrocyclen 13
3,6-Anhydroglucose 14f, 21
2,3-Anhydromannose 12, 15
2,3-Anhydro-Ringe 13
Anionenaustauscher 50, 60, 69
– schwach basisch 99f
– stark basisch 99, 101f
Anlagerungsreaktionen 69
Anschmutzbarkeit mit org. Substanzen 64
Anthrachinon-Farbstoffe, als Sensibilisatoren 32
Anthranilsäure 12, 55
Antibiotikum 112
antimikrobielle Zellulose 108
Antipyren-Wirkung 104

Apparaturen, für Pfropfung 34
Appreturmittel 65
arsenhaltige Zellulosen 78
Arylsulfosäureester 7
Ascorbinsäure 39
Atemschutzgeräte 99, 101
Aufladbarkeit, elektrostatische 86
Austauschkapazität 66
Aziden, Carboxymethylzellulose, und Eiweiß 25
6-Azido-6-desoxyzellulose, Photolyse 51
Azo-bis-isobuttersäuredinitril 17
– Initiator 87
Azobisisobutyronitril 78

B

Bakterienbeständigkeit 78
bakteriostatisch 109
bakterizid 109
bakterizide Zellulose 106
Baumwolle, Wasseraufnahme erhöhen 56
Baumwollfaser, Dekristallisierung 2
Benetzbarkeit 96
Bestrahlungspolymerisation 32
Benzoylperoxid 17, 84
Benzylzellulose 19, 78, 80
binäre Monomerengemische 44
Bis(2,4,6-Tribrom)-2-methyl-1,3-butadienphosphonat 108
Bleitetraacetat 8, 51
Blockcopolymere, Synthese 22
Blockpolymerisation 22
blutstillende Textilien 115
Borhydrid-Lösungen 53
2(3)-O-p-Brombenzolsulfonat, Zellulose 12
1,3-Butadienphosphonsäuredimetylester 108
Butylacrylat 50
$tert$-Butylperoxid 17

C

Calciumacrylat 116
Carbamid 16

Sachverzeichnis

N-Carbobenzoxy-ε-amino-
   önanthsäure 61
N-Carbobenzoxy-ε-amino-
   önanthsäurechloranhydrid
   61
N-Carbobenzoxyglycin 61
Carbonyl-Gruppen 51
Carboxy-Gruppengehalt, Ein-
   fluß auf Eigenschaften 56
Carboxymethylierung 56
Carboxymethylzellulose 55
– mit Polycaproamid 26
– N-substituierte Amide 57
Carboxymethylzelluloseamide
   56
Carboxymethylzellulosecapro-
   lactamimid 26
Carboxymethylzellulosehydra-
   zid 57
Carboxymethylzellulosemethyl-
   ether 56
Cer(IV)-Salze 34
Cevalan 81ff
chemische Modifizierung,
   native Zellulosefasern 28
chirurgische Instrumente,
   steril verpacken 115
Chitosan 15
Chloral 76
Chloralkali-Elektrolyse 103
Chlorbenzotriazol 8, 51
Chlordesoxyzellulose 10
– mit Ammoniak 61
5-Chlor-6-desoxy-6-dichlor-
   anhydrid der Zellulose-
   phosphinsäure 18
Chlorethylnatriumsulfonat 65
β-Chlorethylphosphit 7
Chlormethylnatriumsulfonat
   65
5-Chlormethyl-8-oxychinolin
   61
Chlormethylphosphinsäure
   76
Chloropren 50
Chlorsulfonsäure 100
Chlortriazin-Derivate, fluorhaltige 94
α-Chlor-ω-trimethyloxydi-
   methylsiloxan 77
Chlorvaleriansäure 6
Chromatographiepapiere 97
Co^{60} 32
Cobalt(II)-Ionen, Rückgewinnung 103
Cobalt(III)-Salze, als Initiatoren 36
Copolymer, mit Polyacrylsäure
   36
– mit Polymethacrylsäure
   36
Cyanethylierung 58
Cyandesoxyzellulose 59

– Löslichkeit 59
Cyanyrchlorid 65

D
Dekorationsstoffe, schwerentflammbare 103
6-C-desoxy-t-trichlorsilyl-
   zellulose 18
Desodyzellulose, Halogen-Derivate 14
– phosphorhaltig 76
– Synthese 14
Desoxyzellulose-Derivate 55
– mit Doppelbindungen 69
– thiolgruppenhaltig 67
6-Desoxyzellulose, zinnhaltig
   78
Dextrans 19
2,3-Di-O-acetyl-6-o-tosyl-
   zellulose 15
Dialdehydzellulose 16, 51
– mit Nitromethan 60
Dialdehydzellulosedioxim 52
– Dehydratation 58, 80
Dialdehydzellulosetritylester
   61
Dialkylphosphinsäure 73
Dicarboxyzellulose 55
– mit Hydroxylamin 57
Dichlophos 76
2,4-Dichlor-6-pentachlor-
   phenol 113
Dicyclohexylpercarbonat-
   Initiator 87
Diathylamin 69
Diethylphosphit 75
α,α-Dihydroperfluoralkyl-
   acrylat 90, 95
α,α-Dihydroperfluorbutanol
   90
Dimethylphosphit 7, 52, 75
Dimethylsulfat 101
Dimethylsulfoxid 8
Dinitrilzellulose 59, 80
2,3-Di-O-phenylcarbamoyl-6-
   aldehydzellulose 61
2,3-Di-O-phenylcarbamoyl-
   zellulose 15
β,β-Dioxydipropionitril 58
Divinylbenzol 56
DMSO 51
Doppelbindungen, Einfüh-
   rung 69, 71, 80
Dreifachbindung, Umwand-
   lung 54

E
Eigenschaften, Pfropfcopolymere der Zellulose 50
Eindickungsmittel 65
Einfluß, Polymerisationsgrad
   gepfropfter Ketten
   42

Einführung funktioneller Grup-
   pen 51
Eisen(II)-Ionen 29
Eisen(III)-Salze, Oxidations-
   potentiale 37
– als Pfropfoxidationsmittel
   37
Elektrolytbäder 101
elektrophile Substituierung 18
elektrostatische Aufladbarkeit
   86
β-Eliminierungsreaktion 52
Emulsionsverfahren 95
Entflammungsverhalten,
   Textilien 104
Epichlorhydrin 68, 101
Epoxy-Gruppen 68, 80
Erdölbohrhilfsmittel 55
Essigsäure 16
Esterifizierung 3, 5, 19
Ethylenimin 62
– Toxizität 62
Ethylensulfid 29, 67
– Toxizität 29
Ethylphosphonsäurediamid 106
Ethynyldesoxyzellulose 72

F
Farbstoffe, basische
– Aufnahmevermögen 56
Fasern, bakterizide 109
– flammfeste 103
– Weltproduktion 1
Fasern, chemisch gefärbte,
   Herstellung 68
Fäulnisbeständigkeit 78
Fermente, immobilisierte 82
Festigkeit, Viskosefasern 2
Filtermaterial, für Universal-
   gasmasken 101
Flammfestigkeit 52, 64f, 73
Fluoralkyloxyglycidylether
   92
Fluorcarbonsäurevinylester 89
fluorhaltige Substanzen, Ein-
   fluß auf Benetzbarkeit und
   Oleophobie 96
fluororganische Verbindungen,
   Struktur 89
Folien, aus Zelluloseaceto-
   sorbaten, Eigenschaften
   71
Forschungsaktivitäten, Zellulose-
   chemie 3
Ftorlon-Fasern 111
– antimikrobielle 111
– funktionelle Gruppen, Ein-
   führung 51
– Einführungsverfahren 79
– Stellung 51
Furunkulose 113

Sachverzeichnis

G
Gehalt, an Zellulose-Pfropfcopolymeren 40
Glasumwandlungstemperatur 44
– Abhängigkeit von Pfropfcopolymermenge 48
– Einfluß Länge Pfropfkette 44
Glikazin 113
Glycidylmethacrylat 62
Glycin 57
α-Glykol-Gruppe, Oxidation 51
Gold, Rückgewinnung 98, 101

H
Halogen-Einführung 64, 80
Halogenmethyltrialkylsilan 78
hämostatischen Mull 115
Hexabutoxyphosphornitrilchlorid 105
Hexachlorophen 111f
Hexamethylphosphorsäuretriamid 12
Holzzellulose, Gewinnung 1
Hydratzellulose, Oxidationsgeschwindigkeit 21
– pfropfen Polyacrylnitril 39
Hydrazin 39
Hydrochinon 39
Hydrolyse 19
Hydrophobie 50, 64f
Hydroxamsäure-Reste 57
Hygroskopizität 56

I
Imid, von Carboxymethylzellulose und Caprolactam 26
Imidodiessigsäure 55
Induktionszeit, Polymerisation Vinylmonomeren 35
Initiierung, aussichtsreichste Verfahren 39
Initiierungsmethoden, Einfluß auf Molekülmasse gepfropfter Ketten 43
Initiierungssysteme, für Zellulose-Pfropfcopolymeser 34
Insektizide, Analoga 76
Ioddesoxyzellulose 16
6-Iod-6-desoxyzellulose 69
Iodsäure 51
Ionenaustauscher 55, 73, 97
Ionenaustausch-Kinetik 58
Ionenpolymerisation 27
Ionisation, Hydroxy-Gruppen 11
Isopren 50
Isopropylbenzolhydroperoxid 84
Itakonsäure 24

K
Kaliumpersulfat 31
Karbamol 113
Kationenaustauscher 50, 65f, 69
– schwach sauer 98f
– stark sauer 98f
Kautschuk-Adhäsion, verbesserte 50
Keto-Gruppen, Einbau 54
2-Ketozellulose 8, 54
Kettenpolymerisation 23, 27
Kettenübertragungsreaktionen 40
Klebstoff 55
Komplexbildnereigenschaften 57
Komplexit 99, 102
Komplexon 55, 57, 61, 69, 73
Kondensation, von Aziden 25
Kosten, für Pfropfung 34
Kunststoffe, Weltproduktion 1
Kupfer(II)-Ionen 114

L
Länge, gepfropfter Carboketten-Polymere 42
Lävulinsäurechloranhydrid 53
Lichtstabilisierung 50
LOI-Wert 105
Lösungsmittel, aprotische 7
Luftreinigung 115

M
Makrodiisocyanat 24
Manganpyrophosphat 35
Manno-Konfiguration 13
Mastitis 113
S_N2-Mechanismus 12
medizinische Zellulose 108
Merkurierung 18
Mesyloxy-Gruppen, Substituierung 13
metallorganische Verbindungen 16, 78, 80
Metavanadinsäure 35
Metazin 113
Methacrylsäureester perfluorierter Alkohole 90
Methacrylsäurefluoralkylester 89
Methoden, Einführung funktioneller Gruppen 80
Methylborat 7
N-Methylolaminotriazin 95
N-Methylolmethacrylamid 95
Methylperfluorbutyrat 8
Methylphosphonsäure 73
Methylthiocarbon-Gruppen 70
Methylvinyl-Keton, Aufpfropfen 54
2-Methyl-5-vinylpyridin 112
– mit Dimethylsulfat 87
Methylxanthogensäure-Derivate 70
Methylzellulose 7
Mikrobenbefall der Haut 113
Mischpolysaccharide 9
– Acetylierung 20
– Synthese 15
Mischpolysaccharid I mit Glucose- und Altrosekettengliedern 15
Möbelbezugsstoffe, schwerentflammbare 103
modifizierte Acetatfasern, Herstellung 85ff
modifizierte Regenerat-Zellulose-Fasern 82
modifizierte Zellulose mit aromatischen Amino-Gruppen 36
Modifizierung, Zellulose 2
6-Monoaldehydzellulose 51
– Oxidation 55
Monocarboxyzellulose 115
– ketogruppenfrei 55
– Oxidation 54
Monochloracetaldehyd, N-alkyliert 52
Monoethanolamin 69
Monomerdämpfe, auf Zellulose-Fasern 35
Mtilon 81ff
Mtilon-Fasern, Herstellung 83
Mtilon-S 81ff
Mtilon-S-Fasern, Herstellung 84
Mtilon-T 102
Mull, blutstillend 108
– hämostatisch 115

N
Naphthalinsulfosäureester 7
Naßfestigkeit 56
native Zellulosefasern, chemische Modifizierung 28
Natriumamalgam 53
Natriumamid 60
Natriumarsenit 78
Natriumbisulfit 69
Natriumchlorit 55
Natriumsulfid 67
Natriumlävulinat 54
Matriummethacrylat 88
Natriumoleat 71
Natriumsulfofluorid 19, 65
Neomycin 112, 114
Nichtbrennbarkeit 50
Nitrat-Gruppen, nukleophile Substituierung 55
Nitrierungsgeschwindigkeit, Polystyrol 41
– Styrolmoleküle 40
Nitril-Gruppen 58
p-Nitrobenzoesäure 6

Sachverzeichnis

p-Nitrobenzolsulfonat 12
Nitrodesoxyzellulose 16
Nitro-Gruppen 60, 80
nukleophile Reagentien, Charakter 14
– Radikalgrößen 14
nukleophile Substituierung 10
– Geschwindigkeit 12
– Gesetzmäßigkeiten 10
– Reaktionskinetik 12
– Richtung 12

O

Oberflächenenergie zellulosischer Materialien 89
ölabweisende Textilien, Herstellung 89ff
Oleinsäure 16
Oleophobie 50, 64f, 96
Organodispersionen 87
Organosiloxan-Substituenten 77
Oxidation, Hydroxy-Gruppen 8
– Zellulose 8
Oxidationspotential 38
Oximid-Gruppen, Dehydratation 59
– Reduktion 53
2-Oxopropylzellulose 54
α,ω-Oxyalkylsulfosäure 65
2-Oxy-3-chlorpropylzellulose, mit Anthranilsäure 69
2-Oxy-3-chlorpropylzelluloseether 68
4-β-Oxyethylsulfonyl-2-aminoanisol 33, 91
4-β-Oxyethylsulfonyl-2-aminoanisolsulfat 63
Oxyethylsulfonylanilin 34
4-β-Oxyethylsulfonylanilin 33, 63, 91
Oxymethyl-Gruppen, Rotationsisomerie 19
α-Oxy-2-vinylethylzelluloseether, Umwandlung 71

P

Papierproduktion 1, 22
Pentachlorphenol 114
Perfluorbuttersäure, mit Acetylen vinylieren 89
Perfluorcarbonsäure 93
Perfluorcarbonsäuremonoethanol-amidchlormethylester 93
Periodat 8
Pfropfcopolymere 21
– Glasumwandlungstemperatur 44
– durch Kondensationsreaktionen 23
– durch Radikalpolymerisation 32
– in Inergasatmosphäre 35

– Synthese 23
– verschiedener Struktur 45
– von Carboxymethylzellulose 23
Pfropfcopolymerisation, Gesetzmäßigkeiten 44
Pfropfeffekt, Bestimmung 40
Pfropfen, aus binären Monomerengemischen 44
– in der Gasphase 31
– in Monomerdämpfen 31, 49
– in organischen Lösungsmitteln 49
– mit γ-Strahlen 90
– mit Ultraviolett 90
– aus wäßrigen Emulsionen 49
Pfropfgeschwindigkeit 39
– an frisch versponnenen Viskosefasern 37
– von Polyacrylnitril 39
Pfropfketten, Längenregulierung 43
– Lokalisation 46
– mit niedriger Molekülmasse 38
– Ordnungszustand 47
– Orientierungsgrad 47
– pro Zellulose-Makromolekül 42
– Verteilungskurve 43
– Zahl 42
Pfropfkettenlänge 41
– Bestimmung 41
Pfropfpolymerisation 22f
– Bestrahlung 28
– Geschwindigkeit 21, 35
– Initiierungsmethoden 28
– Kettenübertragung 28
– Radikalbildung 28
– Redoxsysteme 28
Pfropfprozeß, Durchführungsbedingungen 28
Pfropfung, an beliebigen Makromolekülen 46
– an den supramolekularen Strukturelementen 46
– an der Oberfläche Faser 46
– binärer Gemische 44
– Einfluß auf Garn- und Gewebeeigenschaften 48
– von Polyacrylnitril auf Zellulosexanthogenat 37
Pfropfungseffektivität 32, 38
Pfropfungsmethoden, für Zellulose 49
Pfropfverfahren durch bestrahlungspolymerisation 32
Phenylborenyldesoxyzellulose 17
Phenylborenyllithium 17
Phenyl-β-chlorethylphosphit 7

Phenylethynyldesoxyzellulose 72
Phloroglucin 16
Phosphin 106
phosphorige Säure 73, 80
Phosphornitrilchlorid-Derivate 104
Phosphorsäure 73, 80
Phosphorsäuretriethylenimid 106
Phthalsäureanhydrid 55
N-Phthalyl-ϵ-Aminoönanthsäure 61
N-Phthalylglycin 61
Plastifizierung 71
– durch Pfropfung 47
Platin, Rückgewinnung 98, 103
Polyampholyt 100
Polydimethylvinylethynilcarbinol 72
Polyethylensulfid 68
Polykondensation 23
– Polysaccharide mit Polyamiden 23
Polymere, synthetische Weltproduktion 1
Polymerisation, von Dienen 39
Polymethylvinylpyridin 25
Poly-2-methyl-5-vinylpyridin 92
Polymethylvinylpyridiniumhydroxid 93
Polysaccharide 19
– Oxidationsgeschwindigkeit 21
– Reaktionsfähigkeit, Abhängigkeit 21
– Reaktionsfähigkeitsuntersuchung 19
– saure Hydrolyse, Geschwindigkeit 20
– Veresterungsreaktionen 19
Polytetrafluorethylen 91
Polyvinylalkohol-Fasern, antimikrobielle 110
Polyvinylamin, Aufpfropfen 62
Polyvinylchlorid, mit Methylvinylpyridin-Kautschuk 25
Polyvinylidenchlorid 47, 65
– Pfropfung 34
– Polyvinylphosphonsäure 107
Proban 106
Propin-2-ylzellulose, Hydratisierung 54
n-Propylborat 7
Propylenglycolphosphit 75
Pyranose-Ring 16
Pyrovatex 107
Pyroweinsäure-Zelluloseester 54

Q

Quecksilber, Rückgewinnung 98, 102

quecksilberhaltige Zellulosen 78

R
Radikal-Pfropfcopolymerisation 27
Radikalpolymerisation 23, 27
Reaktionskinetik, nukleophile Substituierung 12
Redox-Initiierung, aussichtsreichste 39
Redoxpotentiale, funktioneller Gruppen 38
Redoxsysteme 37
- Cumolhydroperoxid/Natriumsulfit/Hydrochinon 88
- Fe^{2+}/H_2O_2 90
- Fe^{2+}/H_2O_2/Ascorbinsäure 90
- reversible 84
Reduktionsmittel 39
Regulatoren, für Pfropfkettenlänge 43
Remasol 63
Rivanol® 109
Rongalit 39, 84

S
Sandmeyer-Reaktion 59, 63
Sandwich-Copolymere 25
Säurefestigkeit, Erhöhung 50
Scheuerfestigkeit 65
- verbessern 56
Schimmelpilzbefall 115
Schimmelpilzbeständigkeit 78
Schutzbekleidung, schwerentflammbare 103
schwerentflammbare Fasern 103
Schwerentflammbarkeit, Wirkung verschiedener Phosphor-Verbindungen 105
Sensibilisatoren 32
Silber, antimikrobielle Wirkung 109
Silber-Ionen 114
siliciumhaltige Gruppen 77
siliciumorganische Polymere 86
Siliciumsäureamid 77
Siloxan-Substituenten 77
Solvatationsgrad 10
Sorptionsgeschwindigkeit, von Calcium(II)-Ionen 97
Stearinsäure 16
Stephen-Reaktion 52
Stickstoffdioxid 8
γ-Strahlen 32, 90
Struktur fluororganischer Verbindungen 89
Strukturmodifizierung, Zellulose 2

Styromal 86
Substituierung, elektrophile 18
Substitutionsreaktionen 69
Sulfat-Gruppen 65, 80
Sulfhydryl-Gruppen 29
Sulfo-Gruppen 65, 80
Sulfonyloxy-Gruppe, Substitutionsgeschwindigkeit 12
Suspensionsstabilisatoren 65
Synthese, Blockcopolymere 22
- Pfropfcopolymere 23
Synthesemethoden, Zellulose-Derivate, Klassifizierung 5

T
Telemerisation 24
Thermoplaste, Hydrophobizität erhöhte 50
Terpenbisxanthogenate 70
Tetraalkoxysilane, Alkoholyse 77
Tetramethylolphosphoniumchlorid 106
Textilien, blutstillende 115
Thiocarbon-Gruppen, Verseifung 6
Thiocyanatodesoxyzellulose 67
Thiol-Gruppen, Einführung 66, 80
titanhaltige Zellulosen 78
Titansäure 79
Toluol 84
p-Toluolsulfonsäure 16
p-Tolylhydrazin 61
Topochemie des Pfropfprozesses 46
- Auswirkung 47
Tosyloxy-Gruppen, intramolekulare Substituierung 15
- nukleophile Substituierung 55
2(3)-O-Tosyl-6-O-tritylzellulose 12
2(3)-O-Tosylzellulose, nukleophile Substituierung Sulfonyloxy-Gruppe 60
Tributylbleihydrid 19, 79
Tributylzinnchlorid 79
Trichlorethylen 84
Trimethylzinnhydroxid 114
Tripaflavin 109
Triphenylphosphit, Iodmethylat 10
Triphenylzinnhydroxid 114
Tris-dibrompropylphosphat 104
6-O-Tritylzellulose 8

U
Ultraviolett 90
Umwandlung, Zellulose 3

Universalgasmasken, Filtermaterial 101

V
Vanadium(V)-Verbindungen 35
Verteilung, gepfropftes Copolymer 47
Vinylphosphinsäure 50
Vinylphosphonsäuredi-β,β'-chlorethylester 77
Vinylphosphonsäurediethylester 77
Vinylpolymere, als Pfropfcopolymere für Zellulose 32
Viskosefasern, Festigkeit 2
Viskosefolien 2
Viskosespinnfasern, antimikrobielle 115
- hochfeste 2
Viskosität, Lösung Pfropfcopolymer 43

W
wasserabweisende Textilien, Herstellung 89ff
Wasserstoffperoxid 30, 37
Weltproduktion, Fasern 1
- Kunststoffe 1
- synthetische Polymere 1
Wöchnerinnen, Schutz 113

Z
Zellulose
- antimikrobielle 108
- bakterizide 108
- chemische Modifizierung 2
- fluordesoxy-Derivate 65
- mit aromatischen Amino-Gruppen 63, 80
- mit Epoxybutadien 71
- mit fluorhaltigen Polymeren 89
- mit funktionellen Gruppen, Einführung 79
- mit phosphoriger Säure 74
- mit Ionenaustauscher, Eigenschaften 97
- mit Methylmetaphosphat 74
- mit Monomethylphosphit 75
- mit phosphorhaltigen Gruppen 73
- mit phosphorhaltigen Vinylpolymeren 77
- mit phosphororganischen Gruppen 73
- mit Polyacrylnitril, Eigenschaften 82
- mit Polycaproamid 26
- mit Polychloropren 65, 71
- mit Polyglycidmethacrylat 68
- mit Polyisopren 71

Sachverzeichnis

Zellulose
- mit Polystyrol 83
- mit Propiolsäure 72
- mit Vinylchlorid 65
- modifizieren mit Nitril-Gruppen 58, 80
- Modifizierung durch Block- und Pfropfpolymerisation 22
- p-Nitroacrylsulfonat 13
- Pfropfcopolymere durch Radikalpolymerisation 27
- Pfropfcopolymere mit Polyacrylnitril 30
- Pfropfcopolymere mit Vinylpolymeren 32
- Polymethylvinylpyridin 25
- Reaktionsfähigkeitsuntersuchung 19
- selektive Oxidation 8
- Strukturmodifizierung 2
- Übergang zu Polysacchariden 60
- Umesterung 7
- Umesterung, Phasengrenze 5
- Umsetzung mit Anhydriden 55
- Umsetzung mit heterocyclischen Verbindungen 26
- Umwandlung 3
- Umwandlung mit metallorganischen Verbindungen 16
- vernetzen 56
Zelluloseacetat, mit Diisocyanat 88
- mit Dimethylolharnstoff 88
- mit Methacrylsäure 88
- mit Polyacrylnitril 88
- mit Polymethacrylsäure 88
- Pfropfcopolymere 29, 86
sec-Zelluloseacetat, Makrodiisocyanat 24
- Scheuerfestigkeit 25
Zelluloseacetoacetat 53
Zellulose-Acylierung, mit Acetoessigsäure 53
- mit Essigsäureanhydrid 53
Zellulosealkoholat, Umsetzungen 27
Zellulosealkylphosphat 75
Zelluloseallylxanthogenat, thermische Zersetzung 70
Zelluloseamidiphosphat 75
Zelluloseaminophosphonat 75
Zellulosebenzolsulfonat 12
Zellulosebenzylxanthogenat, thermische Zersetzung 70
Zelluloseborat 7

Zellulosecarbamate, phosphorhaltig 77
Zellulosechemie, Besonderheiten 3
Zellulosechlorethylphosphit 74
Zellulosecyanethylether, Eigenschaften 58
- Umwandlung 52
Zellulose-Derivate, als Elektronenaustauscher 66
- bleihaltig 79
- färben mit Säurefarbstoffen 60
- für medizinische Zwecke 108
- mit Aldehyd-Gruppen 51
- mit Doppelbindungen, Umwandlungen 71
- mit Dreifachbindungen 72
- mit Epoxy-Gruppen 68, 80
- mit Fluor 65
- mit funktionellen Gruppen, Eigenschaften 51
- - Reaktionsfähigkeit 51
- mit Halogenen 64, 83
- mit Ionenanlagerungsreaktionen 17
- mit Kupferacetylid 73
- metallorganische 78, 80
- mit Radikalanlagerungsreaktionen 17
- mit Silberacetylid 73
- mit Stickstoff 61, 80
- mit Sulfat-Gruppen 65
- mit Sulfo-Gruppen 65
- rhodaninhaltig 67
- siliciumorganisch 77
- stickstoffhaltig 63, 80
- Synthese 10
- Synthesemethoden 5
- thermoplastische 82
- zinnhaltige 79
Zellulose-Desoxy-Derivate, Synthese 15
5,6-Zellulosen 17, 69f, 78f
Zelluloseester 7
- mit Doppelbindungen 71
- mit Dreifachbindungen, Hydratisieren 73, 80
- mit freien Amino-Gruppen 61f, 80
- Perfluoralkansäure 65
- phosphorhaltig 7, 74
- Reaktionsfähigkeit 12
- siliciumhaltig 77
- Synthese 5, 15
- titanhaltig 79
Zelluloseether 7
- fluorhaltig 65
- mit Amino-Gruppen 62, 80
- mit Bis(tributylzinn)-oxid 79

- mit Dreifachbindungen 72
- - Hydratisieren 73
- mit Epoxy-Gruppen 68
- mit Sulfoethyl-Gruppen 65
- mit Sulfomethyl-Gruppen 65
- siliciumhaltig 77
- Synthese 15
Zellulose-Fasern, chemisch gefärbt 63
- Mängel 2
- modifizierte 82
- native, chemische Modifizierung 28
- Vorzüge 2
Zelluloseiodtosylat 17
Zelluloselävunilat 53
Zellulose-Matrix 47
Zellulosemethylbisxanthogenat 70
Zellulosemethylxanthogenat 70
Zellulose-Mischester 70f
Zellulosenitrat 60, 80
Zellulose-p-nitrobenzoaten, Reduktion Nitro-Gruppen 63
Zellulose-Pfropfcopolymere, Bestimmung 40
- Gehalt 40
- mit Poly-2-methyl-5-vinylpyridin 36
- - Typen 50
Zellulosephenylether 16
Zellulosephosphit 74f
- cyclisch, neutral 75
- mit Alkoholen 75
- mit Aminen 75
- mit N,N'-Tetraethylmethylendiamin 75
Zellulose-Polystyrol 44
Zellulosesulfat 65
Zellulosesulfobutylether 65
Zellulosesulfopropylether 65
Zellulosethiolethylether 67
Zellulosethiolphosphat 76
Zelluloseethionphosphat 76
Zellulosetosylat 11, 15, 54
- Austausch Sulfonyloxy-Gruppe 66
- mit Natriumacetylenid 72
- mit Natriumdiethylphosphit 76
- mit Natriumnitrit 60
- mit Natriumoleat 71
- mit Natriumphenylacetylenid 72
- mit Natriumpropiolat 72
- mit Thiosulfat 67
- Verseifung 14
Zellulosetriacetat-Polymethacrylsäure 44

Zellulosexanthogenat 6, 37
— Chrom (VI) 38
— Pfropfen mit Eisen(II)-Ionen 37
— Substitutionsgrad 37

zellulosische Ionenaustauscher, Vorteile gegen Austauscherharze 97
zellulosische Substanzen, neue 81ff

— — Eigenschaften 81ff
Zinkfluorborat 92
zinnhaltige Zellulosen 78
Zinn-Ionen 114